新世纪高职高专
电子信息类课程规划教材

可编程控制器应用技术

新世纪高职高专教材编审委员会 组编
主　编　姜广政　陈　军　张雅丽
副主编　吴文亮　王　祁　岳　云

第二版

大连理工大学出版社

图书在版编目(CIP)数据

可编程控制器应用技术 / 姜广政,陈军,张雅丽主编. -- 2版. -- 大连：大连理工大学出版社,2021.1
新世纪高职高专电子信息类课程规划教材
ISBN 978-7-5685-2794-1

Ⅰ.①可… Ⅱ.①姜… ②陈… ③张… Ⅲ.①可编程序控制器－高等职业教育－教材 Ⅳ.①TM571.61

中国版本图书馆 CIP 数据核字(2020)第 242770 号

大连理工大学出版社出版

地址：大连市软件园路 80 号 邮政编码：116023
发行：0411-84708842 邮购：0411-84708943 传真：0411-84701466
E-mail:dutp@dutp.cn URL:http://dutp.dlut.edu.cn
辽宁星海彩色印刷有限公司印刷 大连理工大学出版社发行

幅面尺寸：185mm×260mm 印张：11 字数：251千字
2011年9月第1版 2021年1月第2版
2021年1月第1次印刷

责任编辑：马 双 责任校对：周雪姣
封面设计：张 莹

ISBN 978-7-5685-2794-1 定 价：35.00 元

本书如有印装质量问题，请与我社发行部联系更换。

前言

《可编程控制器应用技术》(第二版)是新世纪高职高专教材编审委员会组编的电子信息类课程规划教材之一。

可编程控制器(Programmable Controller)是在传统的继电器控制系统基础上,融合计算机技术和通信技术专门为工业控制而设计的微型计算机控制装置,简称PLC(为了与个人计算机的简称PC相区别)。随着工业控制自动化程度的提高,PLC控制技术得到了广泛的应用,掌握和应用PLC控制技术已成为每一位电气自动化工作者的必备技能。

编写团队由技师院校、高职高专院校教师及企业工程师组成。编者结合多年的教学、科研和工程实践经验,编写了该教材。在编写教材的过程中,编者始终坚持"管用、够用、适用"的原则,精选内容,增添了新设备、新技术、新材料、新工艺等内容,合理编排,突显了教材的实用性和先进性,体现了以实施工程任务、突出能力培养为主线,相关知识为支撑的编写思路,使理论知识与技能实践巧妙地融为一体。

本教材可作为技师学院、高职高专技术院校机电、工业自动化、电气工程、电气技术等专业的理论或实训教材,也可作为工程技术人员自学或职业技能培训教材。

本教材共7个单元,讲解了FX系列PLC的指令系统。单元1介绍了可编程控制器基础知识,单元2介绍了基本逻辑指令及其应用,单元3介绍了步进顺序控制指令

及其应用,单元4介绍了常用功能指令及其应用,单元5介绍了数据应用指令及其应用,单元6介绍了程序流控制指令及其应用,单元7介绍了PLC在自动控制系统中的应用。每个单元后面都配有能力训练,便于读者掌握知识与技能。

本教材由济宁市技师学院姜广政、南京交通职业技术学院陈军、济宁市技师学院张雅丽任主编,南京交通职业技术学院吴文亮、济宁市技师学院王祁和岳云任副主编,闽西职业技术学院王晓、无锡工艺职业技术学院李冬、济宁市技师学院李传宝、山东莱茵科斯特智能科技有限公司廉开伟参与了教材的编写工作。姜广政负责全书的统稿与审定工作。

在编写本教材的过程中,编者参考、引用和改编了国内外出版物中的相关资料以及网络资源,在此表示深深的谢意。相关著作权人看到本教材后,请与出版社联系,出版社将按照相关法律的规定支付稿酬。

由于编者水平有限,书中难免存在错误和不足之处,恳请广大读者批评指正。

编　者

2021年1月

所有意见和建议请发往:dutpgz@163.com

欢迎访问职教数字化服务平台:http://sve.dutpbook.com

联系电话:0411-84707492　84706671

目 录

概　述 ·· 1

单元 1　可编程控制器基础知识 ··· 5

　　任务 1.1　可编程控制器的组成 ··· 5

　　任务 1.2　可编程控制器的工作原理 ··· 9

　　任务 1.3　可编程控制器的编程元件 ··· 13

　　任务 1.4　编程软件的使用 ·· 20

　　能力训练 1 ·· 29

单元 2　基本逻辑指令及其应用 ··· 30

　　任务 2.1　三相异步电动机正/反转控制 ··· 30

　　任务 2.2　三相异步电动机顺序启动控制 ··· 36

　　任务 2.3　灯光闪烁控制 ··· 42

　　任务 2.4　十字路口交通灯控制 ··· 48

　　能力训练 2 ·· 57

单元 3　步进顺序控制指令及其应用 ·· 62

　　任务 3.1　物料运送控制 ··· 62

　　任务 3.2　液体混合控制 ··· 69

　　任务 3.3　自动门控制 ·· 73

　　任务 3.4　带式输送系统控制 ·· 78

　　任务 3.5　机械手控制 ·· 84

　　能力训练 3 ·· 91

单元 4　常用功能指令及其应用 ··· 93

任务 4.1　三相异步电动机 Y-△降压启动控制 ··· 93
任务 4.2　闪光灯频率控制 ·· 101
任务 4.3　设置密码锁 ·· 104
任务 4.4　设定简易时钟控制器 ·· 109
能力训练 4 ··· 112

单元 5　数据应用指令及其应用 ··· 114

任务 5.1　电梯楼层显示控制 ··· 114
任务 5.2　外部置数计数器 ·· 125
任务 5.3　流水彩灯控制 ··· 129
任务 5.4　步进电动机控制 ·· 136
能力训练 5 ··· 146

单元 6　程序流控制指令及其应用 ·· 147

任务 6.1　求数据中的最大值 ··· 147
任务 6.2　广告牌灯光控制 ·· 150
能力训练 6 ··· 154

单元 7　PLC 在自动控制系统中的应用 ··· 155

任务 7.1　加热炉温度控制 ·· 155
任务 7.2　PID 控制技术 ··· 158
能力训练 7 ··· 162

参考文献 ·· 163

附　录 ·· 164

概述

可编程控制器(PLC)是融计算机技术、自动控制技术和通信技术为一体的新型工业自动控制设备。它具有体积小、功能强、程序设计简单、灵活通用、维护方便等一系列优点,在机械、冶金、能源、化工、石油、交通、电力等领域中得到了比较广泛的应用。PLC 技术已经成为现代工业自动控制三大支柱(PLC 技术、机器人、计算机辅助设计与分析)之一。

1. 可编程控制器的定义

可编程控制器简称 PC(Programmable Controller),它经历了可编程矩阵控制器 PMC、可编程顺序控制器 PSC、可编程逻辑控制器(Programmable Logic Controller, PLC)和可编程控制器 PC 四个不同时期。为与个人计算机(PC)相区别,现在仍然沿用 PLC(可编程逻辑控制器)这个旧称。

1987 年国际电工委员会(International Electrical Committee)颁布的 PLC 标准草案对 PLC 做了如下定义:"可编程控制器是一种专门为在工业环境下应用而设计的拥有数字运算操作的电子设备。它采用可以编制程序的存储器,用来在其内部存储执行逻辑运算、顺序控制、定时、计数和算术运算等操作命令,并能通过数字式或模拟式的输入和输出,控制各种类型的机械或生产过程。可编程控制器及其外围设备都应该按易于与工业控制系统联成一个整体、易于扩展其功能的原则而设计。"

2. 可编程控制器的特点

PLC 具有通用性强、使用方便、适应面广、可靠性高、抗干扰能力强、编程简单等特点。

(1)可靠性高

PLC 使用编程软件代替相关的继电器,只有与输入和输出有关的少量硬件,接线也大量的减少,这样就使触点减少,从而减少了接触不良造成的故障。

可靠性是电气控制设备的关键性指标。由于采用现代大规模集成电路技术和良好的生产制造工艺,内部电路一般都采用先进的抗干扰技术,所以控制电路的内部具有较高的可靠性。如三菱公司生产的 FX 系列 PLC 的平均无故障时间高达 30 万小时,使用冗余 CPU 的 PLC 的平均无故障工作时间则更长。从 PLC 的机外电路来看,使用 PLC 构成的控制系统与继电接触器控制系统相比,电气接线及开关接点可以减少到数百甚至数千分之一,也使得故障率降低很多。PLC还有硬件故障自我检测功能,可以在故障时发出报警信息。通过编写外围器件的故障自诊断程序,也可以使PLC的外围电路或设备进行故障自诊断保护。

(2) 适用性强

目前PLC的产品已经标准化、系列化、模块化,形成了大、中、小各种规模和系列,其附属设备也比较多,用户可以根据需求进行系统配置,组成不同功能、不同规模的控制系统。PLC的安装接线一般都使用接线端子连接外部器件。PLC可直接驱动一般的电磁阀和交流接触器,有较强的带负载能力。PLC不仅有逻辑处理功能还有数据运算能力,可用于各种数字控制领域,随着新技术的应用,PLC的功能单元大量面世,使PLC可以应用到位置控制、温度控制、CNC等各种工业控制中。由于PLC通信能力的增强及人机界面技术的发展,PLC更加容易组成各种控制系统。

(3) 易使用

因PLC接口简单,容易编程,工业控制计算机一般都使用PLC,特别是工矿企业的工控设备。PLC的梯形图与继电器电路图比较相近,只需少量的开关量逻辑控制指令就可以方便地实现继电器电路的控制功能。

(4) 易改造

PLC的梯形图程序一般采用顺序控制设计法。其编程方法简单而有规律,容易学习。设计梯形图的用时比较少,适合复杂控制系统的应用。PLC一般使用存储逻辑,控制设备外部的接线少,控制系统设计、安装周期短,容易维护。另外,通过改变设备的应用程序即可改变控制过程,适合多品种、小批量的生产场合。可以看出PLC控制系统具有设计、安装、调试工作量小,维护方便,容易改造等特点。

(5) 器件小

现在的PLC产品尺寸可以小于100 mm,质量小于150 g(图1-1),功耗小,可将开关柜的体积做得很小,是实现机电一体化的理想控制设备。

图1-1 PLC产品的外观

3. 可编程控制器的发展趋势

1969年美国数字设备公司(DEC)研制出第一台PLC,主要由分立元件和中小规模集成电路组成,能完成简单的逻辑控制及定时、计数功能。

20世纪70年代,可编程控制器开始使用微处理器,PLC有了数学运算、数据传送及数据处理等功能,使得PLC真正具有计算机的特征。为了使用方便,可编程控制器采用梯形图作为主要编程语言,且将参加运算及处理的计算机存储元件都以继电器命名。随着计算机技术不断应用到可编程控制器中,其功能也在不断地发生变化。如 PLC 具有了更高的运算速度、更小的体积、更可靠的工业抗干扰设计,以及模拟量运算、PID 功能和较高的性价比等优点。

20 世纪 80 年代,可编程控制器已经具有了大规模、高速度、高性能、产品系列化等特点。可编程控制器的生产量日益上升,应用领域也逐渐广泛,这标志着可编程控制器已步入成熟阶段。我国也开始引进使用可编程控制器,并在工业领域初步应用,工程技术部门通过努力开始研制和生产我们自己的 PLC。

20 世纪 90 年代,可编程控制器在控制规模上,产生了大型机和超小型机;在控制能力上,产生了一些特殊功能单元,如可以对压力、温度、转速、位移等进行控制;在附属产品的配套上,可以生产各种人机界面单元、通信单元,方便在工业控制设备中应用。我国也在各种生产设备及产品中不断扩大 PLC 的应用。

目前,我国已可以自主生产中小型可编程控制器,如 CF 系列、DKK 系列、S 系列、YZ 系列等多种 PLC 控制产品,且具备了一定的规模,并在机械制造、石油化工、冶金钢铁、汽车、轻工业等领域广泛应用。随着我国科学技术的不断进步,可编程控制器的发展更加适应现代工业的需要。

计算机新技术不断应用于可编程控制器的设计和制造,会出现运算速度更快、存储容量更大、智能更高的产品。PLC 的发展趋势表现在以下几个方面:第一,PLC 将进一步向超小型及超大型方向发展;第二,PLC 产品的种类会更丰富,规格更齐全,人机界面更加友好,完备的通信设备将更好地适应各种工业控制场合的需求;第三,将出现少数几个品牌垄断国际市场,会出现国际通用的编程语言;第四,计算机集散控制系统 DCS(Distributed Control System)已应用到可编程控制器中,可编程控制器作为自动化控制网络和国际通用网络的重要组成部分和其他工业控制计算机组网构成大型的控制系统。

4. PLC 的应用领域

PLC 在国内外已广泛应用于钢铁、石油、化工、电力、建材、机械制造、汽车、轻纺、交通运输、环保及文化娱乐等各个行业。

(1)开关量的逻辑控制

开关量的逻辑控制是 PLC 最基本、最广泛的应用领域,实现了逻辑控制、顺序控制,使 PLC 既可用于单台设备的控制,也可用于多台设备的控制及自动化流水线控制。如注塑机、印刷机、订书机、组合机床、磨床、包装生产线、电镀流水线等。

(2)模拟量控制

PLC 生产厂家都生产配套了相关的 A/D 和 D/A 转换模块,使可编程控制器用于模拟量控制。PLC 可以在工业生产控制过程中测控连续变化的模拟量,如温度、压力、流量、液位和速度等。

(3)运动控制

PLC 可以用于圆周运动或直线运动的控制,一般使用专用的运动控制模块,如可驱动步进电机或伺服电机的单轴或多轴位置控制模块。主要 PLC 厂家的产品几乎都有运动控制功能,广泛用于各种机械、机床、机器人、电梯等场合。

(4)过程控制

过程控制是指对温度、压力、流量等模拟量的闭环控制。PLC能编制各种各样的控制算法程序,完成闭环控制。大中型PLC都有PID模块,目前许多小型PLC也具有此模块。PID调节是一般闭环控制系统中常用的调节方法。PID处理是运行专用的PID子程序。过程控制在冶金、化工、热处理、锅炉控制等场合有非常广泛的应用。

(5)数据处理

目前PLC具有数学运算(包括矩阵运算、函数运算、逻辑运算)、数据传送、数据转换、排序、查表、位操作等功能,可以完成数据的采集、分析及处理。这些数据可以与存储在存储器中的参考值比较,完成一定的控制操作,也可以利用通信功能传送到别的智能设备,或将数据打印制表。数据处理一般用于大型控制系统,如无人控制的柔性制造系统,造纸、冶金、食品工业中的一些过程控制系统。

(6)通信及联网

PLC通信包括PLC间的通信及PLC与其他智能设备间的通信。随着计算机控制技术的发展,加速了工厂自动化网络的发展,使得PLC厂商更加重视PLC的通信功能,纷纷推出各自的网络系统。新近生产的PLC都具有通信接口,通信非常方便。

单元 1 可编程控制器基础知识

学习目标

* 掌握可编程控制器的组成
* 掌握可编程控制器的工作原理
* 掌握编程软件的使用方法

任务 1.1 可编程控制器的组成

技能点

◆ 掌握可编程控制器的硬件组成
◆ 掌握可编程控制器的软件组成
◆ 掌握各部分的作用与功能

1.1.1 任务描述

如图 1-2 所示是可编程控制器的主要组成框图,本单元主要阐述 PLC 的主要组成部分及各部分的作用和功能。

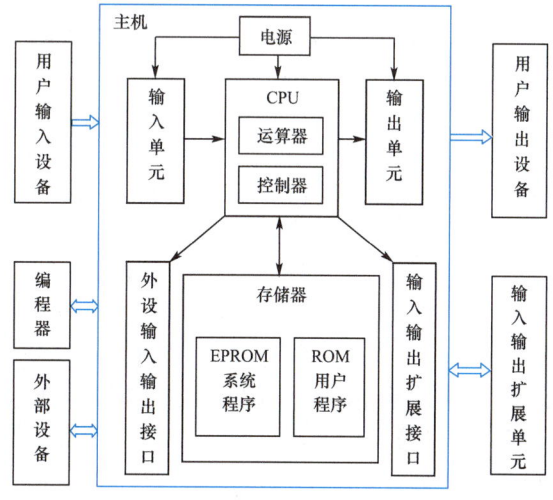

图 1-2 可编程控制器的主要组成框图

1.1.2 相关知识

PLC是一种工业生产过程控制的专用计算机。PLC系统也是由硬件系统和软件系统两大部分组成的。

1. 可编程控制器的硬件组成及各部分的作用

PLC分为固定式和组合式(模块式)两种。固定式PLC包括CPU板、I/O板、显示面板、内存块、电源等单元,这些单元组合成一个不可拆卸的整体。模块式PLC包括CPU模块、I/O模块、内存、电源模块、底板或机架等模块,这些模块按照一定规则组合配置。

可编程控制器的硬件组成框图(图1-2)与计算机相似,都由中央处理器、存储器和输入输出接口等构成。因此,从硬件结构来说,可编程控制器实际上就是计算机,图1-2是其硬件系统的简化框图。

(1)CPU(Central Process Unit)

CPU是PLC的核心组成部分,在系统中的作用类似于人体的神经中枢。其可以实现的功能有:按系统程序赋予的功能,接收并存储从编程器输入的用户程序和数据;用扫描方式接收现场状态的数据,并存入映像寄存器或数据寄存器中;诊断电源、内部电路的工作状态,检查编程过程中的语法错误;进入运行状态后,从存储器中逐条读取用户程序,经过命令解释后按指令规定的要求产生相应的信号,以启闭有关控制门电路。分时分渠道地执行数据的存取、传送、组合、比较和变换等操作,完成用户程序中规定的逻辑及算术运算等任务。根据运算结果,更新有关标志位的状态和输出映像寄存器的内容,再由输出映像寄存器的状态数据寄存器的有关内容,实现输出控制、制表、打印、数据通信等。

常用的CPU主要有通用微处理器、单片机和双极型位片式微处理器。

①用通用微处理器做CPU

通用的微处理器常用的是8位机和16位机,如M6800、M6809、M68000等。在低档设备中,用M6800做CPU较为普遍,用M6800有以下优势:M6800及其配套的芯片廉价、普及、通用,用这套芯片制成的PLC给维修及推广带来方便;有独立的输入、输出指令,指令长度较短,执行时间短,这样有利于扫描周期的缩短;由于输入、输出指令长度较短,相应的输入、输出设备编码也较短,所以相应的译码器较简单。由于PLC的信息是采用输入输出映射方式,因此设计流程序时,对输入、输出与存储器寻址容易区别。

②用单片机做CPU

常用的单片机有8031、8051等。三菱系列PLC就采用MCS系列的单片机8049和8039做处理器,这类单片机在一块片子上集成了8位的CPU,128×8 B的数据存储器,27条输入/输出总线,T0、T1、INT测试线及8位定时器/计数器,时钟振荡电路等。

20世纪80年代以来,出现了集成度更高,功能更强,并带有"布尔机"而又便于数据通信的MCS-51系列单片机以及功能更强的16位单片机。三菱的F2系列PLC即采用CPU8031。MCS-51系列单片机是美国INTEL公司在MCS-48单片机基础上,于80年代初推出的产品,具有高集成度、高可靠性、多功能、高速度、低价格等特点。它有三个"代表"产品:8051、8751和8031,它们分别有不同的应用特性。8751是以4K字节EPROM代替4K字节ROM的8051;8031是内部无ROM的8051,必须外接EPROM;INTEL公司的 96 系列单片机,字长为 16 bit,运算速度比 51 系列更高。

用单片机制成的 PLC 有以下优点:体积更小,容易实现机电设备一体化,且逻辑功能很强,具有数值运算和通信接口。

③双极型位片式微处理器

常用的双极型位片式微处理器有 AMD2900、AMD2903 等。位片式微处理器的主要特点是:速度快、灵活性强、效率高等。可进行"级联",易于"流水线"操作。

(2) 系统程序存储器

系统程序存储器用于存放系统工作程序(监控程序)、模块化应用功能子程序、命令解释功能子程序和调用管理程序,以及定义 I/O、内部继电器、计时器、计数器、移位寄存器等的相关参数。

(3) 用户存储器

常用的用户存储方式及容量形式有 CMOSRAM,EPROM 和 EEPROM。用户存储器主要用于存放用户程序,即存放通过编程器输入的用户程序。用户存储器通常以字(16 位/字)为单位表示存储容量。由于前面所说的系统程序直接关系到 PLC 的性能,不能由用户直接存取,因此通常 PLC 产品资料中所指的存储器形式或存储方式及容量,是对用户程序存储器而言。

CMOSRAM 存储器是一种中高密度、低功能、价格便宜的半导体存储器,可用锂电池作为备用电源。一旦交流电源停电,用锂电池来维持供电,可保存 RAM 内停电前的数据。锂电池寿命一般为 1~5 年。

EPROM 存储器是一种常用的只读存储器,写入时加高电平,擦除时用紫外线照射。PLC 通过写入器可将 RAM 区的用户程序固化到 ROM 盒的 EPROM 中去。在 PLC 机中插入 ROM 盒,PLC 则执行 ROMSPAN 盒中用户程序;反之,PLC 则执行 RAM 区用户程序。EEPROM 存储器是一种可用电改写的只读存储器。

(4) 输入/输出模块(I/O 模块)

I/O 模块是 CPU 与现场 I/O 装置或其他外部设备之间的连接部件。PLC 提供了各种操作电平与驱动能力的 I/O 模块和各种用途的 I/O 组件供用户选用,如输入/输出电平转换、电气隔离、串/并行转换数据、误码校验、A/D 或 D/A 转换以及其他功能模块等。I/O 模块将外界输入信号变成 CPU 能识别的信号,或将 CPU 的输出信号变成需要的控制信号以驱动控制对象(包括开关量和模拟量),以确保整个系统正常工作。

输入的开关量信号接在 IN 端和 0 V 端之间,PLC 内部提供 24 V 电源,输入信号经过光电隔离,通过 R/C 滤波进入 CPU 控制板,CPU 发出输出信号至输出端。PLC 输出有三种方式:继电器方式、晶体管方式和晶闸管方式。

常用的 I/O 量有:

开关量:按电压水平分,有 AC220 V、AC110 V、DC24 V 等;按隔离方式分,有继电器隔离和晶体管隔离。

模拟量:按信号类型分,有电流型(4~20 mA、0~20 mA)、电压型(0~10 V、0~5 V、−10~+10 V)等,按精度分,有 12 bit,14 bit,16 bit 等。

除了上述通用 I/O 模块外,还有特殊 I/O 模块,如热电阻、热电偶、脉冲等模块。按I/O 个数确定模块规格及数量,I/O 模块可多可少,其最大数受 CPU 所能管理的基本配置(最大的底板或机架槽数)的能力限制。

(5)编程器

编程器分为简易型和智能型两类。简易型只能联机编程,智能型既可联机编程又可脱机编程。同时简易型输入梯形图的语言键符,智能型可以直接输入梯形图。可根据不同的需求为 PLC 产品选配不同的编程器。

编程器用于用户程序的编制、编辑、调试检查和监视等。通过键盘输入调用 PLC 的部分内部状态和系统参数、实现通信端口与 CPU 联系及人机对话功能。编程器上有供编程用的各种功能键和显示灯以及编程、监控转换开关。编程器的键盘采用梯形图语言键符,也可以采用软件指定的功能键符,通过屏幕对话方式进行编程。

(6)外部设备

一般 PLC 都配有录音机、打印机、EPROM 写入器、高分辨率屏幕彩色图形监控系统等外部设备。

(7)电源

PLC 对电源并无特别要求,可使用一般工业电源。PLC 电源主要为 PLC 各模块的集成电路提供工作电源。还为输入电路提供 24 V 的工作电源。电源输入类型有交流电源(AC 220 V 或 AC 110 V)和直流电源(常用的为 DC 24 V)。PLC 电源单元包括系统的电源及备用电池,电源单元的作用是把外部电源转换成内部工作电压。PLC 内有一个稳压电源用于对 PLC 的 CPU 单元和 I/O 单元供电。

(8)底板或机架

大多数模块式 PLC 使用底板或机架,容易实现各模块间的联系,使 CPU 能访问底板上的所有模块,同时也可实现各模块间的连接,使各模块构成一个整体。

(9)PLC 系统的其他设备

人机界面模块:最简单的人机界面是指示灯和按钮,目前液晶屏(或触摸屏)式的一体式操作员终端应用越来越广泛,由计算机(运行组态软件)充当人机界面非常普及。

PLC 的通信联网模块:依靠先进的工业网络技术可以迅速有效地收集、传送和管理数据。网络在自动化系统集成工程中的重要性越来越显著,有人甚至提出"网络就是控制器"的观点。

PLC 的通信联网功能使 PLC 与 PLC 之间、PLC 与上位计算机以及其他智能设备之间能够交换信息,形成一个统一的整体,实现分散、集中控制。多数 PLC 具有 RS-232 接口和一些支持各自通信协议的接口,通过多点接口(MPI)的数据通信、PROFIBUS 或工业以太网进行联网。

2. 可编程控制器的软件组成

PLC 软件系统由系统程序和用户程序两部分组成。系统程序包括监控程序、编译程序、诊断程序等,主要用于管理全机,将程序语言翻译成机器语言,诊断机器故障。系统软件由 PLC 厂家提供并已固化在 EPROM 中,不能直接存取和干预。用户程序是用户根据现场控制要求,用 PLC 的程序语言编制的应用程序(也就是逻辑控制)用来实现各种控制。

3. PLC 编程语言

(1)梯形图编程语言。梯形图沿袭了继电器控制电路的形式,它是在电器控制系统中常用的继电器、接触器逻辑控制基础上简化了符号演变而来的,形象、直观、实用。

梯形图的设计应注意以下三点:

①梯形图按从左到右、从上到下的顺序排列。每一逻辑行起始于左母线,然后是触点的串、并联连接,最后是线圈与右母线相连。

②梯形图中每个梯级流过的不是物理电流,而是"概念电流",从左流向右,其两端没有电源。这个"概念电流"只是形象地描述用户程序执行中应满足线圈接通的条件。

③输入继电器用于接收外部输入信号,而不能由 PLC 内部其他继电器的触点来驱动。因此,梯形图中只出现输入继电器的触点,而不出现其线圈。输出继电器输出程序执行结果给外部输出设备,当梯形图中的输出继电器线圈得电时,就有信号输出,但不是直接驱动输出设备,而要通过输出接口的继电器、晶体管或晶闸管才能实现。输出继电器的触点可供内部编程使用。

(2)语句表编程语言。指令语句表示一种与计算机汇编语言相类似的助记符编程方式,但比汇编语言易懂易学。一条指令语句由步序、指令语和作用器件编号三部分组成。

(3)控制系统流程图。控制系统流程图是一种较新的编程方法,它是用像流程图一样的功能图表达一个控制过程,目前国际电工协会(IEC)正在实施发展这种新式编程方法的编程标准。

想一想?

可编程控制器各部分是如何进行信号传输与运行控制的?

任务1.2 可编程控制器的工作原理

技能点

- ◆ 初步看懂 PLC 接线图和梯形图
- ◆ 掌握 PLC 控制电路的分析方法
- ◆ 掌握 PLC 的三个工作阶段

1.2.1 任务描述

如图 1-3 所示为 PLC 控制过程实例——指示灯控制接线图,如图 1-4 所示为指示灯控制梯形图。通过实例分析,掌握可编程控制器的工作原理是本任务研究的主要目的。

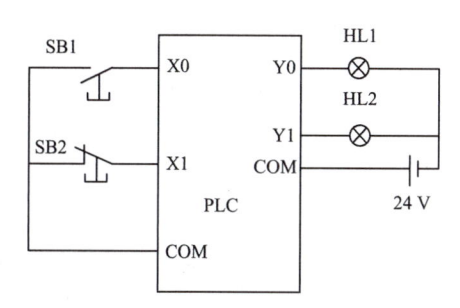

图 1-3 指示灯控制接线图

图 1-4 指示灯控制梯形图

PLC 梯形图中的触点沿用了继电器控制电路中触点这一说法,为了便于理解 PLC

的控制原理,现将继电器控制电路的相关知识做如下说明:

常开、常闭:在电力系统中,标准规定,所有触点应该在自然、未通电状态下。如果两个触点是导通的,就称为常闭(NC)。如果两个触点是断开的,就称为常开(NO)。

主回路:包含在传送电能的开关回路中的所有导电回路。

控制回路:控制开关合、分操作回路中的所有导电回路。

辅助回路:除主回路和控制回路以外的所有导电回路。某些辅助回路用于附加功能,如信号、联锁等。因此,这些回路可能是其他开关的一部分。

触点:接触器的执行部分,包括主触点和辅助触点。主触点的作用是接通和分断主回路,控制较大的电流,而辅助触点是在控制回路中,用于满足各种控制方式的要求。

静触点:继电器(或功能电器)中不执行机械运动、位置基本不变的触点。

动触点:继电器(或功能电器)中执行机械运动的触点。

自锁:即依靠接触器自身的辅助触点使其线圈保持通电的现象。

1.2.2 相关知识

可编程控制器的工作原理与计算机的工作原理基本上一致,可以简单地表述为在系统程序的管理下,通过运行应用程序完成用户任务。对于用户来说,在编写用户程序或选择设备时,必须清楚PLC执行程序的过程分为输入采样阶段、程序执行阶段、输出刷新阶段三个阶段,即用户程序执行过程的原理。PLC采用循环扫描、集中处理的方法,即对输入扫描信号、执行用户程序和输出刷新都采用集中分批处理的工作方式。

1. 输入扫描

在这一阶段中,PLC以扫描方式读入所有输入端子上的输入信号,并将输入信号存入输入映像区,输入映像存储器被刷新。在程序执行阶段和输出刷新阶段,输入映像存储器与外界隔离,其内容保持不变,直至下一个扫描周期的输入扫描阶段,才被重新读入的输入信号刷新。可见,PLC在执行程序和处理数据时,不直接使用现场当时的输入信号,而使用本次采样时输入映像区中的数据。如果输入设备能使PLC输入端形成闭合回路,对应输入端编号的内部输入继电器内保存为"1",即相当于继电器线圈导通,在程序执行过程中,该编号对应的触点动作;如果输入设备能使输入开路,则对应输入端编号的内部输入继电器内保存为"0",即相当于继电器线圈没导通,在程序执行过程中,该编号对应的触点不动作。如果PLC处于非输入扫描的阶段,PLC外的输入设备状态发生了变化,内部输入继电器也不会发生变化,要等到下一个输入扫描阶段才能根据此时的输入状态来刷新。所以,对于少于十几毫秒的输入信号,经常采集不到。

2. 执行程序

在执行用户程序过程中,PLC按梯形图程序顺序自上而下、从左至右逐个扫描执行,即按助记符指令表的先后顺序执行。若遇到程序跳转指令,则根据跳转条件是否满足来决定程序跳转地址。程序执行过程中,PLC从输入映像区取出输入变量的当前状态,然后进行由程序确定的算数运算或逻辑运算,根据程序指令将运算结果存入相应的输出映像寄存器,包括输出继电器、内部辅助继电器、定时器、计数器等,输出映像寄存器的内容会随着程序的运行而改变。输出继电器的信号存放在输出映像区,即输出继电器与PLC外部的同编号的输出点对应。

在程序执行过程中,同一周期内,前面的逻辑结果影响后面的触点,即后执行的程序可能用到前面的最新中间运算结果;但同一周期内,后面的运算结果不影响前面的逻辑关系。该扫描周期内除输入继电器以外的所有内部继电器的最终状态(导通与否),将影响下一个扫描周期各触点的开与闭。

3. 输出刷新

执行阶段的运算结果被存入输出映像区,而不送到输出端口上。在输出刷新阶段,PLC将输出映像区中的输出变量送入输出锁存器,然后由锁存器通过输出模块产生本周期的控制输出。如果内部输出继电器的状态为"1",则输出继电器触点闭合。全部输出设备的状态要保持一个扫描周期。

因此,在一个扫描周期内,对输入状态的采样只在输入采样阶段进行。当进入程序执行阶段后输入端将被封锁,直到下一个扫描周期的输入采样阶段才对输入状态进行重新采样。这方式称为集中采样,即在一个扫描周期内,集中一段时间对输入状态进行采样。

在用户程序中如果对输出结果多次赋值,则最后一次有效。在一个扫描周期内,只在输出刷新阶段才将输出状态从输出映像寄存器中输出,对输出接口进行刷新。在其他阶段里输出状态一直保存在输出映像寄存器中。这种方式称为集中输出。

对于小型PLC,其I/O个数较少,用户程序较短,一般采用集中采样、集中输出的工作方式,虽然在一定程度上降低了系统的响应速度,但使工作时大多数时间与外部输入输出设备隔离,从根本上提高了系统的抗干扰能力,增强了系统的可靠性。而大中型PLC个数较多,控制功能强,用户程序较长,为提高系统响应速度,可以采用定期采样、定期输出方式,或中断输入、输出方式以及采用智能接口等多种方式。

从上述分析可知,从PLC的输入端输入信号发生变化到输出端对该输入变化作出反应,需要一段时间,这种现象称为输入/输出响应滞后。对一般的工业控制,这种滞后是完全允许的。应该注意的是,这种响应滞后不仅是由于扫描工作方式造成的,更主要是输入接口的滤波环节带来的输入延迟,以及输出接口中驱动器件的动作时间带来输出延迟,同时还与程序设计有关。滞后时间是设计应用系统时应注意把握的一个参数。

在输入、输出的过程处理方面必须遵守以下原则:

(1)输入映像寄存器的数据,取决于输入端子板上各输入端子在上一个周期的接通、断开状态。

(2)程序如何执行取决于用户所编程序和输入、输出映像寄存器的内容。

(3)输出映像寄存器的数据取决于输出指令的执行结果。

(4)输出锁存器中的数据,由上一次输出刷新阶段输出映像寄存器中的数据决定。

(5)输出端子的接通、断开状态,由输出锁存器决定。

4. 扫描周期

进行一次全过程扫描所需的时间称为扫描周期,扫描周期是PLC的重要指标之一,小型PLC的扫描周期一般为十几毫秒到几十毫秒。扫描周期与用户程序的长短、指令的种类和CPU执行指令的速度有很大关系,当用户程序较长时,指令执行时间在扫描周期中占相当大的比例。

1.2.3 任务实施

按照图 1-3 完成 PLC 与外部电气元件连接,梯形图 1-4 中每个扫描周期程序的执行过程如图 1-5～图 1-8 所示。图 1-5 中,①输入扫描过程,将两个按钮的状态扫描后,存入其映像区,由于 SB2 是停止按钮,所以,即使没有按下,其输入回路也是闭合的,因此,X1 存"1"(ON 状态),而其他位存"0"(OFF 状态)。②执行程序过程,程序根据所用到触点的编号对应的内部继电器状态来运算。由于 X0 处于 OFF 状态,对应的动合触点处于断开状态,运算结果是 Y0、Y1 处于 OFF 状态,其结果存入输出映像区,即 Y0、Y1 存"0"。③输出刷新过程,根据映像区各位的状态驱动输出设备,即灯 1 不亮,灯 2 也不亮。

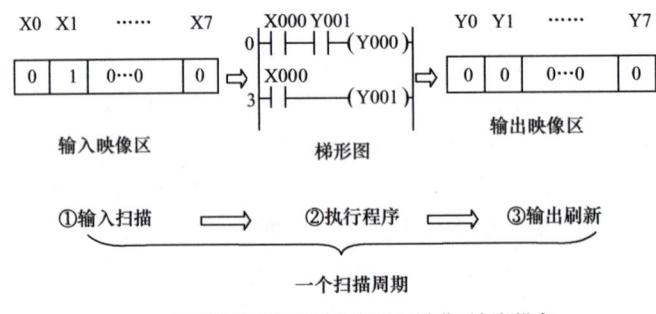

图 1-5 用户程序执行过程示意图(1)

图 1-6 中,按下 SB1 按钮后,X0 输入回路闭合。①输入扫描过程,将输入状态存入其映像区,X0、X1 均存"1"。②执行程序过程,按照从左到右,从上到下的原则,逐条执行。第一行,X0 触点闭合,但此时,Y1 的状态为"0",因此,Y1 触点为断开状态,Y0 没能导通,其状态为"0"。第二行,X0 触点闭合,所以,Y1 的状态为"1"。③输出刷新过程,由于 Y1 呈导通状态,灯 2 亮。

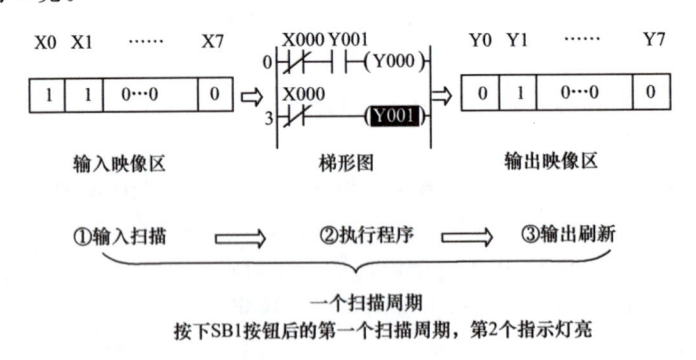

图 1-6 用户程序执行过程示意图(2)

图 1-7 所示为按下 SB1 按钮后的第二个扫描周期。①输入扫描,由于输入状态不变,其映像区不变。②执行程序过程,第一行,X0 触点闭合,由于上一个周期中,Y1 为 ON 状态,

因此，Y1 触点也闭合，Y0 也呈导通状态；第二行，Y1 还呈导通状态。Y0、Y1 的状态均为"1"。③输出刷新过程，两个灯都亮。注意：由于 PLC 的扫描周期很短，我们用肉眼见到的现象可能是两灯同时亮。如果按钮没有变化，内部继电器、输出设备状态均无变化。

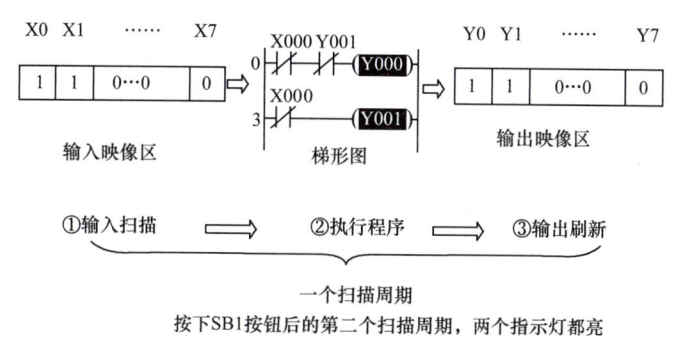

图 1-7　用户程序执行过程示意图(3)

图 1-8 所示为松开 SB1 按钮后的第一个扫描周期。①输入扫描使输入映像区的 X0 存"0"、X1 存"1"。②执行程序过程，X0 触点断开，Y1 由于上个周期被置"1"，因此，Y1 触点为闭合状态。③输出刷新过程，由于 X0 触点的断开，Y0、Y1 都呈断开状态。

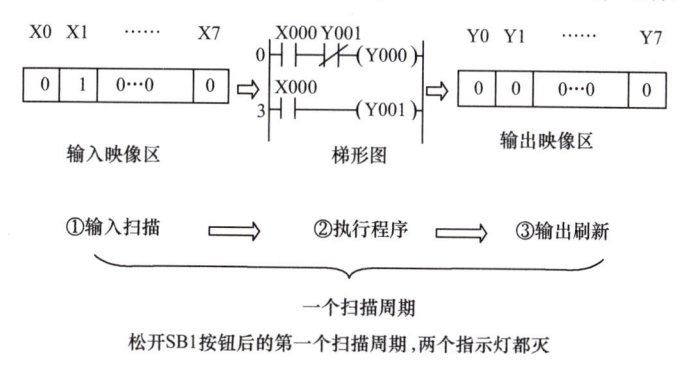

图 1-8　用户程序执行过程示意图(4)

想一想？

梯形图在分析可编程控制器的三个工作阶段中的作用是什么？

任务1.3　可编程控制器的编程元件

技能点

◆ 掌握可编程控制器编程元件的功能
◆ 掌握可编程控制器编程元件的使用方法
◆ 会使用可编程控制器编程元件

1.3.1　任务描述

PLC 除了能进行位运算外，还能进行字运算。PLC 为用户提供了若干个数据寄存器,以存储有效数据。PLC 为用户提供的继电器逻辑、定时器逻辑、计数器逻辑等编程元件是本任务的主要研究对象。

1.3.2 相关知识

1. 继电器逻辑

为适应电气控制的需要,PLC 为用户提供继电器逻辑,用逻辑与、逻辑或、逻辑非等逻辑运算来处理各种继电器的连接。PLC 内部存储单元有"1"和"0"两种状态,对应于"ON"和"OFF"两种状态。因此 PLC 中所说的继电器是一种逻辑概念,而不是真正的继电器,有时称为"软继电器"。这些"软继电器"与通常的继电器相比有以下特点:体积小、功耗低;无触点、速度快、寿命长;有无数个触点,使用中不必考虑触点的容量。

PLC 一般为用户提供以下几种继电器(以 FX_{2N} 系列 PLC 为例):

(1)输入继电器(X):接收外部开关信号的接口。把现场信号输入 PLC,同时提供无限个常开、常闭触点供用户编程使用。在程序中只有触点没有线圈,信号由外部信号驱动。编号采用八进制,分别为 X000~X007,X010~X017 等。

(2)输出继电器(Y):PLC 用来传送输出信号以驱动外部负载元件,具备一对物理触点,可以串接在负载回路中,对应物理元件有继电器、晶闸管和晶体管。外部信号不能直接驱动,只能在程序中用指令驱动。编号采用八进制,分别为 Y000~Y007,Y010~Y017 等。

(3)辅助继电器(M):通过软件实现其功能,是一种内部的状态标志,与外界没有直接联系,仅作运算的中间结果使用,相当于继电器控制系统中的中间继电器。辅助继电器是使用数量较多的一种继电器,和输出继电器一样,只能由程序驱动。每个辅助继电器有无限多对常开、常闭触点,供编程使用。

辅助继电器又分为通用辅助继电器、断电保持辅助继电器和特殊辅助继电器等,地址号按十进制分配。

①通用辅助继电器(M0~M499)

FX_{2N} 系列中有 500 个通用辅助继电器。通用辅助继电器在 PLC 运行时,如果电源突然断电,则全部线圈均为 OFF。当电源再次接通时,除了因外部输入信号而变为 ON 的以外,其余的仍将保持 OFF 状态,它们没有断电保持功能。通用辅助继电器常在逻辑运算中用于辅助运算、状态暂存、移位等。根据需要可通过程序设定,将 M0~M499 变为断电保持辅助继电器。

②断电保持辅助继电器(M500~M3071)

FX_{2N} 系列中共有 2 572 个断电保持辅助继电器。它与普通辅助继电器不同的是具有断电保持功能,即能记忆电源中断的瞬时状态,并在重新通电后再现其状态。它之所以能在电源断电时保持其原有的状态,是因为电源中断时用 PLC 中的锂电池保持映像寄存器中的内容。其中 M500~M1023 可由软件将其设定为通用辅助继电器。

③特殊辅助继电器(M8000~M8255)

PLC 内有大量的特殊辅助继电器,它们都有各自的特殊功能。

FX_{2N} 系列中有 256 个特殊辅助继电器,可分成触点型和线圈型两大类。

a.触点型,其线圈由 PLC 自动驱动,用户只可使用其触点。例如:

M8000:运行监视器(在 PLC 运行中接通),M8001 与 M8000 逻辑相反。
M8002:初始脉冲(仅在运行开始时瞬间接通),M8003 与 M8002 逻辑相反。
M8011、M8012、M8013 和 M8014 分别是产生 10 ms、100 ms、1 s 和 1 min 时钟脉冲的特殊辅助继电器。

M8000、M8002、M8012 的波形如图 1-9 所示。

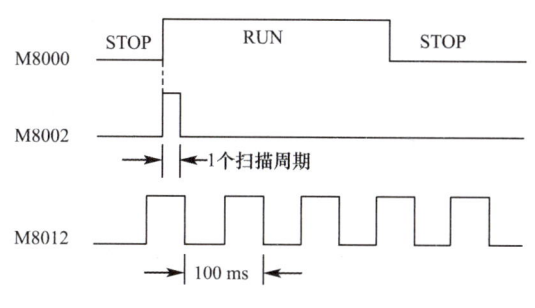

图 1-9　M8000、M8002、M8012 波形图

b. 线圈型,由用户程序驱动线圈后 PLC 执行特定的动作。例如:
M8033:若使其线圈得电,则 PLC 停止时保持输出映像存储器和数据寄存器的内容。
M8034:若使其线圈得电,则将 PLC 的输出全部禁止。
M8039:若使其线圈得电,则 PLC 按其指定的扫描时间工作。

2. 定时器逻辑

PLC 一般采用硬件定时中断、软件计数的方法来实现定时逻辑功能,定时器一般包括:

定时条件:控制定时器操作。
定时语句:指定所使用的定时器,给出定时设定值。
定时器的当前值:记录定时时间。
定时继电器:定时器达到设定值时为"1"(ON 状态),未开始定时或定时未达到设定值时为"0"(OFF 状态)。

其逻辑功能见表 1-1。

表 1-1　　　　　　　　　　定时器逻辑功能

定时条件	定时器		定时继电器
	当前值	操作	
OFF	等于设定值	不操作	OFF
ON	≠0	计时	OFF
ON	=0	不操作	ON

3. 计数器逻辑

PLC 为用户提供了若干计数器,它们是由软件来实现的,一般采用递减计数,一个计数器有以下几个内容:

计数器的复位信号(R)
计数器的移位信号(CP 单位脉冲)
计数器设定值的记忆单元
计数器的当前计数值单元

计数器计数达到设定值时为 ON,复位或未达到设定值时为 OFF。其逻辑功能见表 1-2。

表 1-2　　　　　　　　　　　　　计数器逻辑功能

复位信号 R	移位信号 CP	计　数　器		计　数继电器
		当前值	操作	
ON	X(任意值)	等于设定值	不计数	OFF
	由 OFF 变为 ON	$\neq 0$	"－1"	OFF
		$=0$	不计数	ON
OFF	由 ON 变为 OFF	不变	不计数	不变

4. 状态器(S)

状态器主要记录系统运行中的状态,是编写顺序控制程序的重要元件,它与步进顺控指令 STL 配合使用。

状态器有五种类型:初始状态器 S0～S9,共 10 个;回零状态器 S10～S19,共 10 个;通用状态器 S20～S499,共 480 个;具有状态断电保持的状态器 S500～S899,共 400 个;供报警用的状态器(可用于外部故障诊断输出)S900～S999,共 100 个。

在使用状态器时应注意:

(1)状态器与辅助继电器一样有无数的常开、常闭触点。

(2)状态器不与步进顺控指令 STL 配合使用时,可作为辅助继电器 M 使用。

(3)FX_{2N} 系列 PLC 可通过程序设定将 S0～S499 设置为有断电保持功能的状态器。

5. 数据寄存器

(1)通用数据寄存器

通用数据寄存器(D)在模拟量检测与控制以及位置控制等场合用来储存数据和参数,可储存 16 位二进制数或一个字,两个数据寄存器合并起来可以存放 32 位数据(双字),在 D0 和 D1 组成的双字中,D0 存放低 16 位,D1 存放高 16 位。字或双字的最高位为符号位,该位为 0 时数据为正,为 1 时数据为负。将数据写入通用数据寄存器后,其值将保持不变,直到下一次被改写。PLC 从 RUN 状态进入 STOP 状态时,所有的通用数据寄存器的值被改写为 0。特殊辅助继电器 M8033 为 ON,PLC 从 RUN 状态进入 STOP 状态时,通用数据寄存器的值保持不变。

(2)特殊寄存器

特殊寄存器 D8000～D8255 共 256 个,用来控制和监视 PLC 内部的各种工作方式和元件,如电池电压、扫描时间、正在动作的状态的编号等。PLC 上电时,这些数据寄存器被写入默认值。

(3)文件寄存器

文件寄存器以 500 个为单位,可被外部设备存取。文件寄存器实际上被设置为 PLC 的参数区。文件寄存器与锁存寄存器是重叠的,可保证数据不丢失。文件寄存器可通过 BMOV(块传送)指令改写。

(4)外部调整寄存器

FX_{2N} 和 FX_{2NC} 可用附加的特殊功能扩展板 FX_{GN}-8AV-BD 改变指定的数据寄存器的值,该单元有 8 个小电位器,使用应用指令 VRRD(模拟量读取)和 VRSC(模拟量开关设置)来读取电位器提供的数据。设置用的小电位器常用来修改定时器的时间设定值。

(5)变址寄存器

FX 有 16 个变址寄存器 V0～V7 和 Z0～Z7,在 32 位操作时将 V、Z 合并使用,Z 为低位。变址寄存器用来改变编程元件的元件号,通过修改变址寄存器的值可以改变实际的操作数,也可以用来修改常数的值。

1.3.3 任务实施

通过以下应用分析,掌握可编程控制器编程元件的功能和使用方法。

1. 断电保持辅助继电器逻辑

断电保持辅助继电器在小车往复运动控制的应用,如图 1-10 所示。小车的正反向运动中,用 M600、M601 控制输出继电器驱动小车运动。X1、X0 为限位输入信号。

X1、X0 的互锁关系:X0=ON 时,X1=OFF;X1=ON 时,X0=OFF。

ON、OFF 与电动机 M600、M601 的关系:M600=ON 时,M601=OFF,小车右行;M601=ON 时,M600=OFF,小车左行。M600 和 M601 具有断电保持功能,既停电后,M600 或 M601 将记忆停电的状态,当电源恢复时,M600 或 M601 记忆原来(停电)的状态,并控制相应输出继电器,小车继续原方向运动。

小车运行的过程分析:X0=ON(X1=OFF)→M600=ON(M601=OFF)→Y0=ON(Y1=OFF)→小车右行→停电→小车中途停止→上电(M600=ON→Y0=ON)后右行;X1=ON→M600=OFF、M601=ON→Y1=ON(Y0=OFF)→小车左行。

若不用断电保持辅助继电器,当小车中途断电后,再次得电,小车也不能运动。

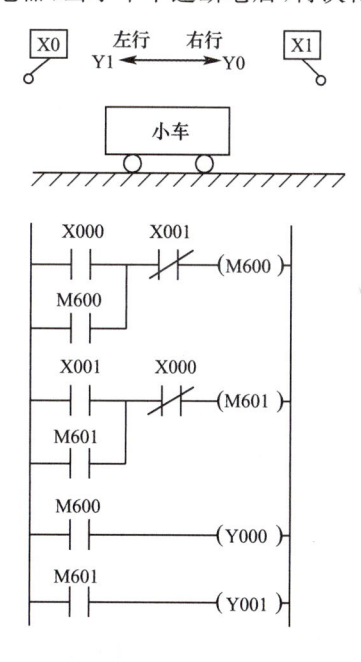

图 1-10 断电保持辅助继电器的应用

2. 定时器逻辑

定时器:T

(1) 功能

该元件用于定时,范围为 0.001 s～32.767 s(1 ms 定时器)、0.01 s～327.67 s(10 ms 定时器)、0.1 s～3 276.7 s(100 ms 定时器)。

元件范围按十进制分配时,T246～T249:1 ms 定时器;T200～T245:10 ms 定时器;T0～T199:100 ms 定时器。

(2) 举例

① 梯形图(图 1-11)

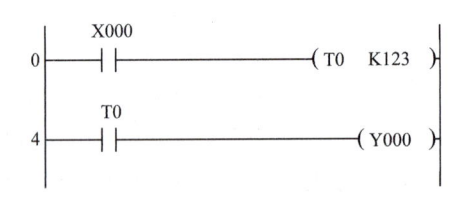

```
   X000
0 ──┤├──────────────( T0   K123 )

   T0
4 ──┤├──────────────( Y000 )
```

图 1-11 定时器梯形图

② 程序清单

```
LD    X000
OUT   T0   K123
LD    T0
OUT   Y000
END
```

③ 波形图(图 1-12)

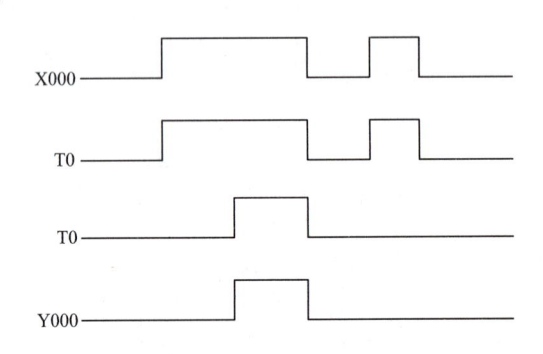

图 1-12 定时器波形图

3. 计数器逻辑

计数器:C

(1) 功能

该元件完成计数功能。内部计数用的 16 位向上计数器(1～32 767)和计数旋转编码器的输出等用的 32 位高速(向上、向下)计数器(−2 147 483 648～+2 147 483 647)。该元件范围按十进制分配如下:

16位向上计数器：

C0～C99：一般用（非停电保持）；

C100～C199：保存用（停电保持）。

32位向上、向下高速计数器：

C200～C219：一般用（非停电保持）；

C220～C234：保存用（停电保持）。

(2) 举例

①梯形图(图1-13所示)

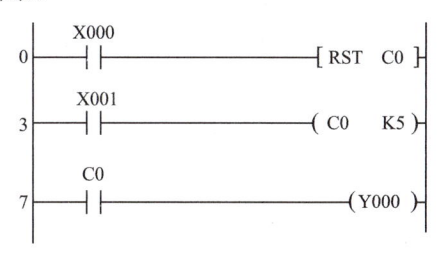

图1-13 计数器梯形图

②程序清单

```
LD    X000
RST   C0
LD    X001
OUT   C0   K5
LD    C0
OUT   Y000
END
```

③波形图(图1-14所示)

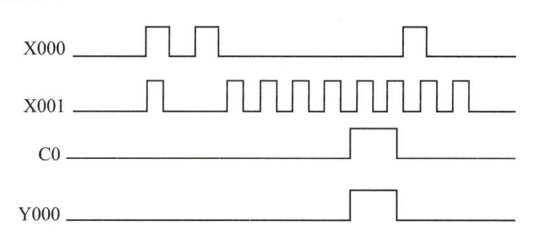

图1-14 计数器波形图

4. 状态器 S 的作用

状态器 S 在机械手动作中的作用(图1-15所示)。

分析：当启动信号 X000 有效时，机械手下降，到下限 X001 开始夹紧工件，夹紧到位信号 X002 为 ON 时，机械手上升到上限 X003 则停止。整个过程可分为三步，每一步都用一个状态器 S20、S21、S22 记录。每个状态器都有各自的置位和复位信号（如 S21 由 X001 置位，由 X002 复位），并有各自要做的操作（驱动 Y000、Y001、Y002）。从启动开始由上至下随着状态的动作转移，下一状态动作时上一状态自动返回原状。这样使每一步的工作互不干扰,不必考虑不同步之间元件的互锁,使设计清晰简洁。

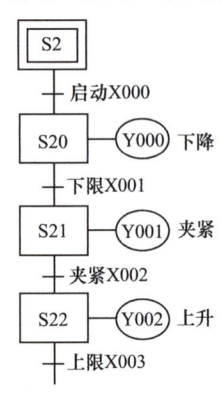

```
    ┌─S2─┐
        │
        ├─启动X000
    ┌─S20─┐──(Y000) 下降
        │
        ├─下限X001
    ┌─S21─┐──(Y001) 夹紧
        │
        ├─夹紧X002
    ┌─S22─┐──(Y002) 上升
        │
        ├─上限X003
```

图 1-15　状态器 S 的作用

想一想？

各种可编程控制器编程元件的功能是什么？

任务 1.4　编程软件的使用

技能点

◆ 会用编程软件绘制梯形图
◆ 掌握编程软件的基本使用方法
◆ 编制程序并上机调试

1.4.1　任务描述

SWOPC-FXGP/WIN-C 可通过线路符号、列表语言及 SFC 符号创建顺控指令程序,建立注释数据及设置寄存器数据。创建顺序控制指令程序及将其存储为文件,用打印机打印。该程序可在串行系统中与可编程控制器进行通信、文件传送、操作监控以及各种测试。以上是本任务的研究课题。

1.4.2　相关知识

1. 编程软件

编程软件使用的是由 PLC 生产厂家提供的编程语言。SWOPC-FXGP/WIN-C 是专为 FX 系列 PLC 设计的中文版编程软件,它占用的空间少,功能较强。

2. 产品构成

SWOPC-FXGP/WIN-C 主要由如下几部分构成:

①SWOPC-FXGP/WIN-C 系统操作软件。

②操作手册、软件登记卡。

③可选部分。

3. 操作环境

可运行 SWOPC-FXGP/WIN-C 的 PLC 环境需要有 PLC 及内存:机型为 IBM PC/AT(兼容);CPU 为 Intel86SX 或更高;内存为 8 MB 或更高(推荐 16 MB 以上)。同时要有硬盘、软驱、鼠标、显示器、打印机、操作系统等,分辨率为 800×600 点、16 色或更高。

1.4.3 任务实施

1. SWOPC-FXGP/WIN-C 的功能及操作

软件的编辑窗口如图 1-16 所示,梯形图的编辑窗口如图 1-17 所示。编程界面有标题栏、菜单栏、工具栏、编程区、状态栏、符号栏。

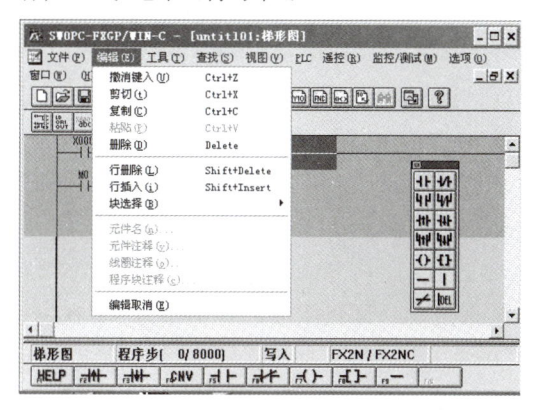

图 1-16 SWOPC-FXGP/WIN-C 的编辑窗口

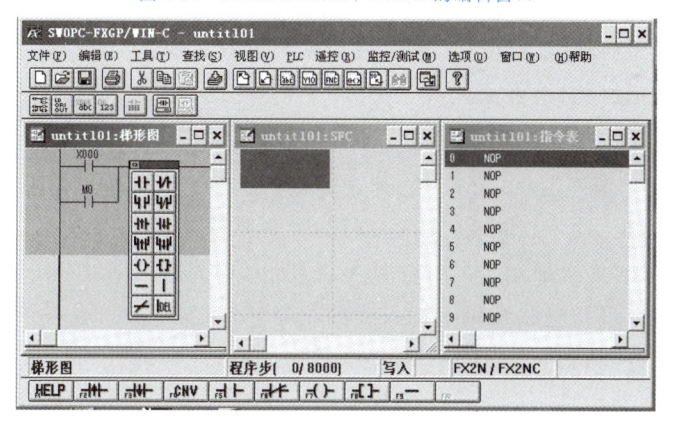

图 1-17 梯形图的编辑窗口

(1)编辑菜单

①剪切:剪切电路块单元。

操作方法:执行[编辑]-[块选择]菜单操作选择"电路块",执行[编辑]-[剪切]菜单或[Ctrl]+[X]键操作,选中的"电路块"被剪切(被剪切的数据保存在剪贴板中)。

②复制:复制电路块单元。

操作方法:执行[编辑]-[块选择]菜单操作选择"电路块",执行[编辑]-[复制]菜单或

[Ctrl]+[C]键操作,选中的"电路块"数据被保存在剪贴板中。

③粘贴:粘贴电路块单元。

操作方法:执行[编辑]-[粘贴]菜单或[Ctrl]+[V]键操作,选择的"电路块"被粘贴上。粘贴的"电路块"数据来自执行剪切或复制命令时存储在剪贴板上的数据。

④删除:在行单元中删除线路块。

操作方法:执行[编辑]-[行删除]菜单或[Ctrl]+[Delete]键操作,光标所在行的"线路块"被删除。

⑤行删除:删除电路符号或电路块单元。

操作方法:执行[编辑]-[删除]菜单或[Delete]键操作,删除光标所在处的"电路符号"。欲执行修改操作,首先执行[编辑]-[块选择]菜单操作选择"电路块"。再执行[编辑]-[删除]菜单或[Delete]键操作,被选单元被删除。

⑥行插入:插入一行。

操作方法:执行[编辑]-[行插入]菜单操作,在光标位置插入一行。

⑦块选择:在块单元中选择电路。欲执行剪切、粘贴或复制的电路,操作前应以此来选择电路块。

操作方法:电路块是通过[编辑]-[块选择]-[向上]菜单或[编辑]-[块选择]-[向下]菜单或[Ctrl]+[?]键操作来选定的。通过重复同样的操作,可在屏幕的竖直方向上选定电路块。

⑧元件名:在进行线路编辑时输入一个元件名。

操作方法:执行[编辑]-[元件名]菜单操作,屏幕显示元件名输入对话框。若该元件已经被使用过,无须再输入元件名。输入栏输入元件名并按[Enter]键或[确认]按钮,光标所在电路符号的元件名被登录。

⑨元件注释:在进行电路编辑时输入元件注释。

操作方法:执行[编辑]-[元件注释]菜单操作,元件注释输入对话框被打开。输入栏中输入元件注释再按[Enter]键或[确认]按钮,光标所在电路符号的元件注释便被登录。当元件注释被登录时即被显示。元件注释不得超过50字符。

⑩线圈注释:在进行电路编辑时输入线圈注释。

操作方法:执行[编辑]-[线圈注释]菜单操作,线圈注释输入对话框被显示。在输入栏中输入线圈注释并按[Enter]键或[确认]按钮,光标所在处线圈的注释即被登录,以备线圈命令或其他应用指令所用。当线圈注释被登录时即被显示。

⑪程序块注释:在进行电路编辑时输入程序块注释。

操作方法:执行[编辑]-[程序块注释]菜单操作,程序块注释输入对话框被显示。在输入栏中输入程序块注释再按[Enter]键或[确认]按钮,光标所在处的电路块注释即被登录。当程序块注释被登录时即被显示。

(2)工具菜单

窗口如图 1-18 所示。

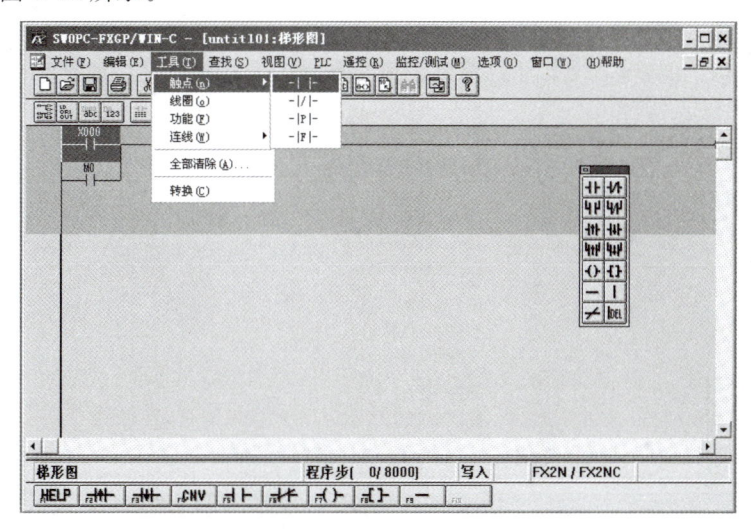

图 1-18 工具菜单的编辑窗口

①触点:输入电路符号中的触点符号。

操作方法:执行[工具]-[触点]-[—| |—]菜单操作选中一个触点符号,显示元件输入对话框。执行[工具]-[触点]-[—|/|—]菜单操作选中 B 触点。执行[工具]-[触点]-[—|P|—]菜单操作选择脉冲触点符号,或执行[工具]-[触点]-[—|F|—]菜单操作选择下降沿触发触点符号。在元件输入栏中输入元件,按[Enter]键或[确认]按钮后,光标所在处便有一个元件被登录。若单击[参照]按钮,则显示"元件说明"对话框,可完成更多的设置。

②线圈:在电路符号中输入输出线圈。

操作方法:执行[工具]-[线圈]菜单操作,元件输入对话框被显示。在输入栏中输入元件,按[Enter]键或[确认]按钮,于是光标所在地的输出线圈符号被登录。单击[参照]按钮显示"元件说明"对话框,可进行进一步的特殊设置。

③连线:输入垂直及水平线,删除垂直线。

操作方法:垂直线被菜单操作[工具]-[连线]-[|]登录,水平线被菜单操作[工具]-[连线]-[—]登录,翻转线被菜单操作[工具]-[连线]-[—/—]登录,垂直线被菜单操作[工具]-[连线]-[|]删除。

④清除:清除程序区(NOP 命令)。执行[工具]-[全部清除]菜单操作,显示"清除"对话框。按[Enter]键或[确认]按钮,执行清除过程。

⑤转换:将创建的电路图转换格式存入计算机中。执行[工具]-[转换]菜单操作或按[转换]按钮(F4 键)。在转换过程中,显示信息"电路转换中"。如果在不完成转换的情况下关闭电路窗口,被创建的电路图被抹去。

(3)查找菜单

窗口如图 1-19 所示。

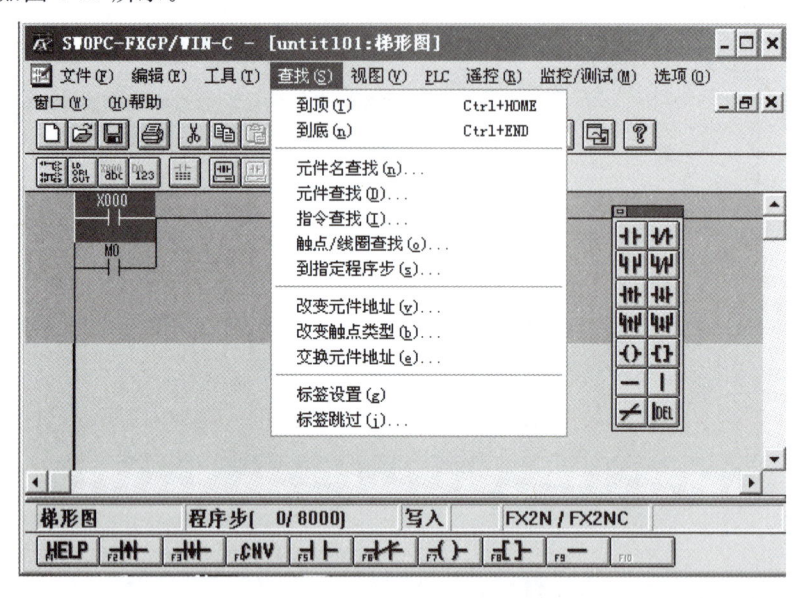

图 1-19　查找菜单的编辑窗口

到顶:在开始步的位置显示程序。执行[查找]-[到顶]菜单或[Ctrl]+[HOME]键操作。

到底:到程序的最后一步显示程序。执行[查找]-[到底]菜单或[Ctrl]+[END]键操作。

元件名查找:在字符串单元中查找元件名。执行[查找]-[元件名查找]菜单操作,显示"元件名查找"对话框。输入待查找的元件名,单击[运行]按钮或按[Enter]键,执行元件名查找操作,光标移动到包含元件名的字符串所在的位置,此时显示已被改变。

元件查找:确认并查找元件。执行[查找]-[元件查找]菜单操作时,显示"元件查找"对话框。输入待查找元件,单击[运行]按钮或按[Enter]键,执行元件查找指令,光标移动到输入元件处,此时显示被改变。

指令查找:确认并查找指令。执行[查找]-[指令查找]菜单操作,屏幕显示"指令查找"对话框。输入待查找的命令,单击[运行]按钮或按[Enter]键,执行指令查找命令,光标移动到查找的指令处,同时改变显示。

触点/线圈查找:确认并查找触点或线圈。执行[查找]-[触点/线圈查找]菜单操作,显现"触点/线圈查找"对话框。键入待查找的触点或线圈,单击[运行]按钮或按[Enter]键,执行指令,光标移动到已寻到的触点或线圈处,同时改变显示。

到指定程序步:确认并查找程序步。执行[查找]-[到指定程序步]菜单操作,屏幕上显示"程序步查找"对话框。输入待查找的程序步,单击[运行]按钮或按[Enter]键,执行指令,光标移动到待查步处同时改变显示。

改变元件地址:改变特定元件地址。执行[查找]-[改变元件地址]菜单操作,屏幕显示"改变元件"对话框。设置元件的范围。单击[运行]按钮或按[Enter]键,执行命令。

例如:用 X20～X25 替换 X10～X15:在[被代换元件]输入栏中输入[X10]～[X15],并在[替换起始点]处输入[X10]。用户可设定顺序替换或成批替换,还可设定是否同时移动注释以及应用指令元件。

警告:被指定的元件仅限于同类元件。

改变触点类型:将 A 触点与 B 触点互换,被指定的元件仅限于同类元件。执行[查找]-[改变位元件]菜单操作,出现改变 A、B 触点的对话框。指定待换元件范围,单击[运行]按钮或按[Enter]键,改变 A、B 触点的变换。可选择顺序改变或成批改变。

交换元件地址:互换两个指定同类元件。执行[查找]-[交换元件地址]菜单操作,屏幕显示"互换元件"对话框。指定互换元件,单击[运行]按钮或按[Enter]键,执行命令。

(4)视图菜单

窗口如图 1-20 所示。

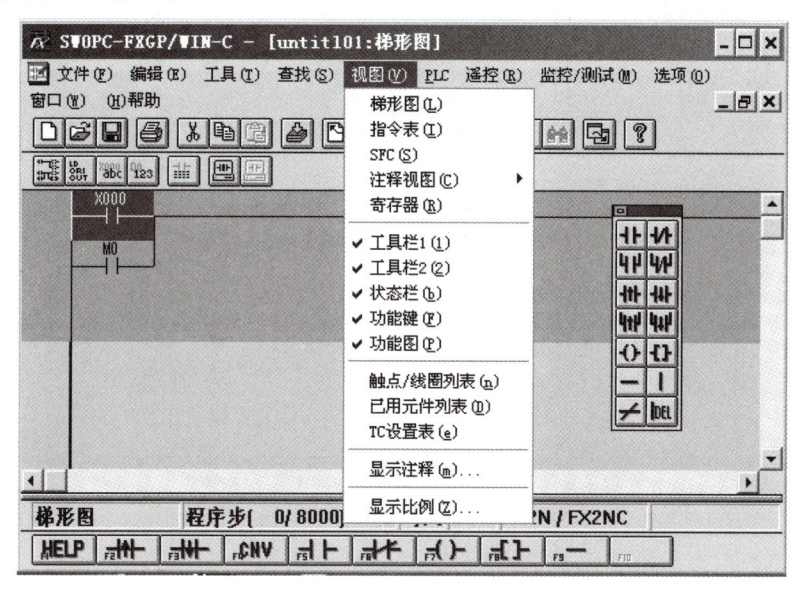

图 1-20 视图菜单的编辑窗口

梯形图:打开梯形图视图或激活已被打开的梯形图视图。执行[视图]-[梯形图]菜单操作,窗口显示被改变。

指令表:打开指令表视图或激活已被打开的指令表视图。执行[视图]-[指令表]菜单操作,窗口显示被改变。

SFC:打开 SFC 视图或激活已被打开的 SFC 视图。执行[视图]-[SFC]菜单操作,窗口显示被改变。

注释视图:打开注释视图或激活已被打开的注释视图。执行[视图]-[注释视图]菜单操作,改变窗口显示。

寄存器:打开寄存器视图或激活已被打开的寄存器视图。执行[视图]-[寄存器]菜单操作,改变窗口显示。

触点/线圈列表:显示触点及线圈的使用状态。执行[视图]-[触点/线圈列表]菜单操作,显示可用指令表视图。若在此处指定元件,则该元件的使用状态被显示。在此使用状态的显示区域或移动光标到目的地,按[Enter]键即可。

显示注释:可设置显示或不显示各种注释及元件。执行[视图]-[显示注释]菜单操作,出现"显示注释"对话框。此时可检查注释。

(5) PLC 菜单

传送:将已创建的顺控程序成批传送到 PLC 中。传送功能包括[读入]、[写出]及[校验]。[读入],将 PLC 中的顺控程序传送到计算机中;[写出],将计算机中的顺控程序发送到 PLC 中;[校验],将在计算机及 PLC 中的顺控程序加以比较校验。执行[PLC]-[传送]-[读入]([写出]、[校验])菜单操作。当选择[读入]时,应在"PLC 模式设置"对话框中将已连接的 PLC 模式设置好,如图 1-21 所示。

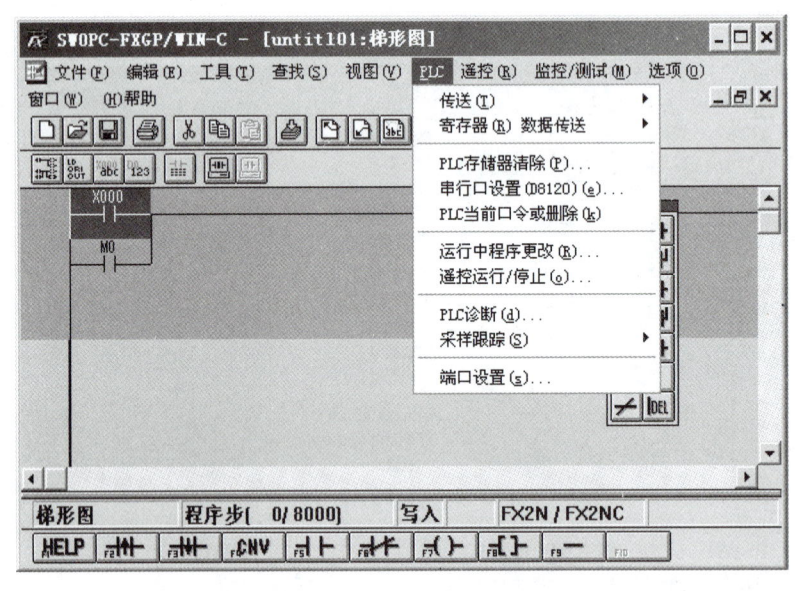

图 1-21　PLC 菜单的编辑窗口

寄存器数据传送:将已创建的寄存器数据成批传送到 PLC 中。其功能包括[读入]、[写出]及[校验]。[读入],将设置在 PLC 中的寄存器数据读入计算机中;[写出],将计算机中的寄存器数据写入 PLC 中;[校验],将计算机中的数据与 PLC 中的数据进行校验。执行[PLC]-[寄存器数据传送]-[读入]([写出]、[校验])菜单操作。在"各种功能"对话框中设置寄存器类型。

串行口设置(D8120):使用 RS232C 适配器及 RS 命令设置及显示通信格式。所显示的数据是基于 PLC 特殊数据寄存器 D8120 的内容而定。执行[PLC]-[串行口设置(D8120)]菜单操作,在"串行口设置(D8120)"对话框设置通信格式。

PLC 当前口令或删除:对与计算机相连的 PLC 口令进行设置、改变或删除。执行[PLC]-[PLC 当前口令或删除]菜单操作,在"PLC 口令登录"对话框中完成登录。[新登录],在文本框中输入新口令,单击[确认]按钮或按[Enter]键完成登录;[改变],在原有口令输入文本框中输入原有口令,在新口令输入对话框中输入新口令,单击[确认]按钮或按[Enter]键完成登录;[删除],在原有口令文本框中输入 PLC 原有口令,在新口令输入对话框中输入空格键,单击[确认]按钮或按[Enter]键完成登录。

遥控运行/停止:在可编程控制器中以遥控的方式进行运行/停止操作。执行[PLC]-[遥控运行/停止]菜单操作,在"遥控运行/停止"对话框中操作。

PLC 诊断:显示与计算机相连的 PLC 状态,与出错信息相关的特殊数据寄存器以及内存的内容。执行[PLC]-[PLC 诊断]菜单操作,出现"PLC 诊断"对话框,单击[确认]按钮或按[Enter]键。

端口设置:用计算机 RS232C 端口与 PLC 相连。执行[PLC]-[端口设置]菜单操作,在"通信设置"对话框中加以设置。

(6)监控/测试菜单

窗口如图 1-22 所示。

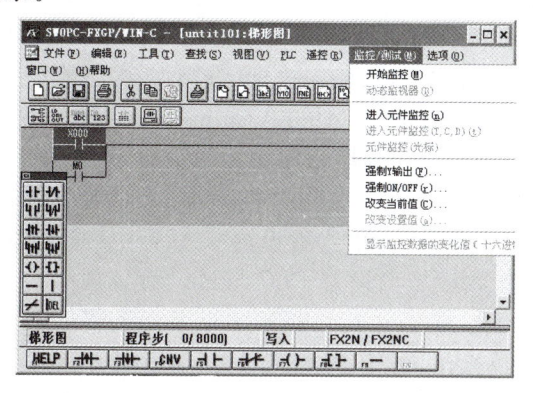

图 1-22 监控/测试菜单的编辑窗口

开始监控/停止监控:在显示屏上监视可编程控制器的操作状态。从电路编辑状态转换到监视状态,同时在显示的电路图中显示可编程控制器操作状态(ON/OFF)。激活梯形图视图,通过进行菜单操作进入[监控/测试]-[开始监控]。

(7)文件菜单

窗口如图 1-23 所示。

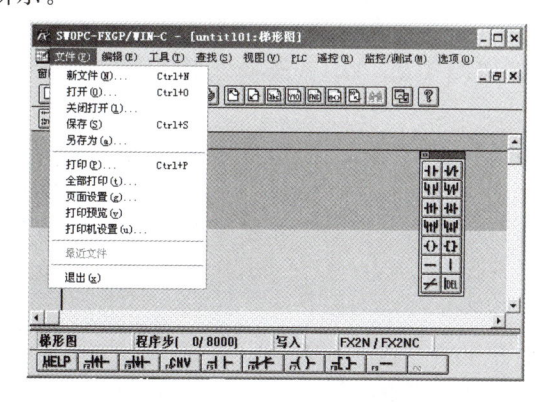

图 1-23 文件菜单的编辑窗口

新文件:创建一个新的顺控程序。选择[文件]-[新文件]菜单项或[Ctrl]+[N]键操作,在"PC 模式设置"对话框中选择顺控程序的目标 PC 模式。

打开:从文件列表中打开一个新的顺控程序以及诸如注释数据之类的数据。执行[文件]-[打开]菜单或[Ctrl]+[O]键操作,在打开的文件菜单中选择所需的顺控指令程序。

保存:保存当前顺控程序,注释数据,及其他在同一文件名下的数据。如果是第一次保存,屏幕显示"赋名及保存"对话框,可通过该对话框将数据保存下来。执行[文件]-[保存]菜单或[Ctrl]+[S]键操作。

另存为:指定保存文件的文件名及路径,保存顺控指令程序以及诸如注释文件之类的数据。执行[文件]-[另存为]菜单操作,"保存文件"对话框将被打开,指定好文件名及路径。可同时在"程序写入器"对话框中登录注释数据。当 PMC 被录入文件目录,数据以可被 DOS 环境使用的程序文件格式存入。

(8) 选项菜单

程序检查:检查语法,双线圈及创建的顺控程序电路图并显示结果。[语法检查],检验命令码及其格式;[双线圈检查],检查同一元件或显示顺序输出命令的重复使用状况;[线路检查,]检查梯形图电路中的缺陷。执行[选项]-[程序检查]菜单操作,在"程序检查"对话框中进行设置,单击[确认]按钮或按[Enter]键执行命令。

参数设置:设置诸如创建顺控程序程序大小或决定元件锁存范围大小的内存容量。设置诸如将被创建的顺控程序的程序大小的储存器,或决定元件保存范围的锁存范围。执行[选项]-[参数设置]菜单操作,在"参数设置"对话框中对各项加以设置。

PLC 类型设置:在参数区域里设置 PLC 模式。设置内容包括无电池模式的 ON/OFF,调制解调器的初始化,是否运行终端输入以及运行终端输入号的设置。执行[选项]-[PLC 模式设置]菜单操作,在"PLC 模式设置"对话框中完成。

串行口设置(参数):在参数区域设置通用通信选项。设置内容为数据长度,奇偶校验,停止位,波特率,协议,数目校验,传送控制过程,设置站点号,剩余时间的判断标准时间。执行[选项]-[串口设置(参数)]菜单操作,在显示的"串口设置(参数)"对话框中完成。

移动注释:当在需要将其他编程工具创建的注释供给顺控程序,该注释被复制在元件注释区。执行[选项]-[移动注释]菜单操作,屏幕显示"假名注释传送"对话框,单击[确认]按钮或按[Enter]键执行。

PLC 类型改变:改变 PLC 类型。执行[选项]-[PLC 类型改变]菜单操作,再在"类型改变"对话框中进行设置。

选择:设置各种环境。执行[选项]-[选择]菜单操作,在"选择"对话框中依照显示的条目加以选择。

字体设置:在各个窗口中设置显示的字体及大小。执行[选项]-[字体设置]菜单操作进行设置。

(9) 窗口菜单

窗口水平排列,被打开的窗口由左到右依次排列;窗口垂直排列,被打开的窗口由上到下依次排列。窗口如图 1-24 所示。

2. 指令表编辑

撤销键入:取消刚刚执行的命令或输入的数据,回到原来状态。执行[编辑]-[撤销键入(Alt+U)]菜单或[Ctrl]+[Z]键操作。

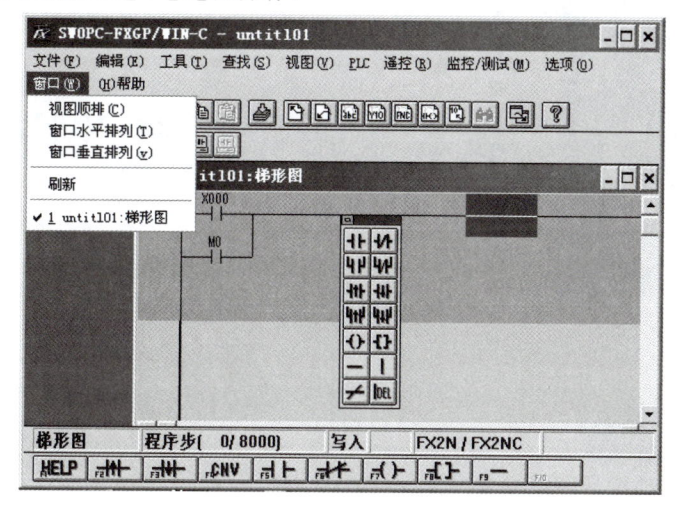

图 1-24　窗口菜单的编辑窗口

剪切:在命令单元中剪切。执行[编辑]-[剪切]菜单或[Ctrl]+[X]键操作,将选中的命令剪切掉。被剪切掉的数据被存放在剪贴板上。如果被选中的数据超过了剪贴板的容量,剪切操作被禁止。或出现撤销输入无法完成等情况。

复制:在命令单元中执行复制。执行[编辑]-[复制]菜单或[Ctrl]+[C]键操作,将选中的命令或数据存储在剪贴板中。如果被复制的数据超过剪贴板容量,复制操作被禁止。或出现撤销输入无法完成等情况。

粘贴:在命令单元中完成粘贴功能。执行[编辑]-[粘贴]菜单或[Ctrl]+[V]键操作,将剪贴板上的命令加以粘贴。被粘贴的命令来自执行复制或剪切命令时存储在剪贴板上的数据。

删除:删除被选中的命令。执行[编辑]-[删除]菜单或按[Delete]键操作。

能力训练1

1. PLC 由哪几个主要部分组成？各部分作用是什么？
2. 什么是扫描周期？试简述工作过程。
3. PLC 软件系统由哪几部分组成？各部分作用是什么？
4. PLC 有哪几种编程语言？各有什么特点？
5. FX_{2N} 系列 PLC 提供了哪几种继电器？各有什么功能？
6. 试描述计数器的逻辑功能。

单元 2 基本逻辑指令及其应用

学习目标

* 掌握基本逻辑指令的功能
* 掌握基本逻辑指令的输入方法与技巧
* 灵活运用基本逻辑指令解决实际问题

任务 2.1　三相异步电动机正/反转控制

技能点

◆ 会应用编程软件绘制梯形图
◆ 会用 PLC 改造接触器-继电器控制电路
◆ 会编制程序并上机调试

2.1.1　任务描述

如图 2-1 所示是三相异步电动机正/反转控制电路,按下按钮 SB1,电动机正向运行,按下按钮 SB2,电动机反向运行,按下按钮 SB3,电动机停止运行,如何用 PLC 实现其控制是本任务研究的课题。

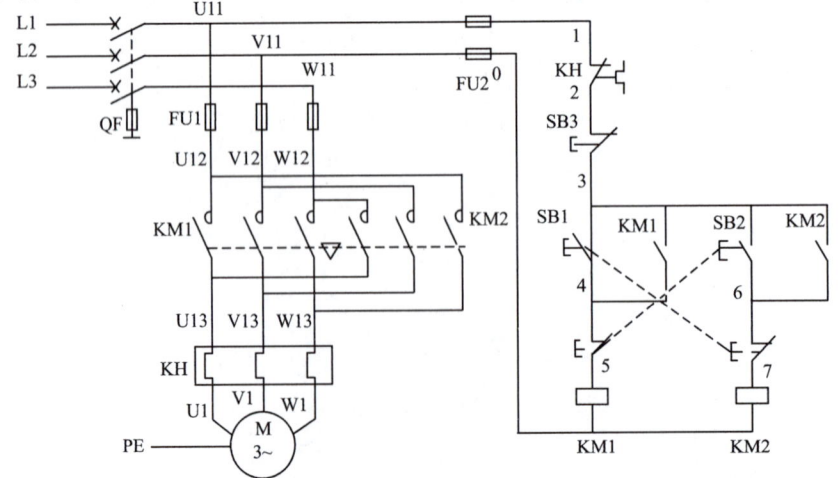

图 2-1　三相异步电动机正/反转控制电路

2.1.2 相关知识

基本逻辑指令是 PLC 控制技术中最基本的编程语言,应用开关量控制信号编制简单的程序,是学习 PLC 应用技术的基础。

所谓指令,就是用英文缩写字母表达 PLC 各种功能的助记符,每一条指令一般由指令助记符和操作元件组成。

1. 取指令

取指令,又称初始加载指令,是逻辑运算的开始点,表示每一个梯级中第一个触点与左母线相连的指令。

LD:常开触点与左母线相连指令。

LDI:常闭触点与左母线相连指令。

操作元件:X、Y、M、T、C 和 S。

指令分析:如图 2-2 所示。

```
0  ├─X000─┤  ─(Y000)         0  LD   X000
                              1  OUT  Y000
2  ├─X001─┤/├─(Y001)          2  LDI  X001
                              3  OUT  Y001
4  ─────────[END]             4  END
```

(a)梯形图　　　　　　　　(b)指令

```
X000 ──┐   ┌────┐         X001 ──┐   ┌────┐
       └───┘    └──              └───┘    └──
Y000 ──┐   ┌────┐         Y001 ──┐   ┌────┐
       └───┘    └──              └───┘    └──
```

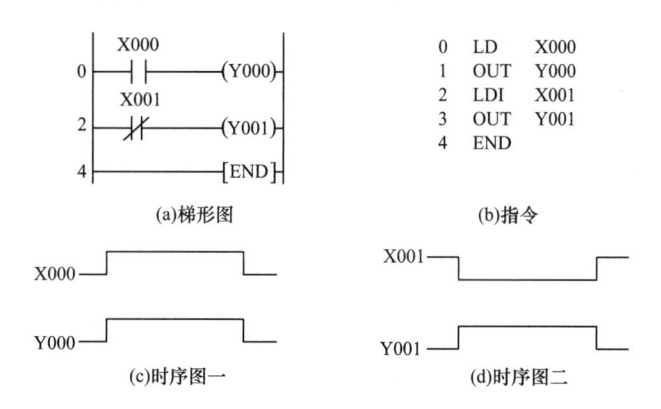

(c)时序图一　　　　　　　　(d)时序图二

图 2-2　取指令

由时序图可以清楚地看出 Y000 波形与 X000 波形一样,Y001 波形与 X001 波形相反。

2. 串联指令

串联指令:表示该触点与左边相邻的某一触点或某一组触点是串联连接关系,完成逻辑"与"运算。

AND:常开触点串联连接指令。

ANI:常闭触点串联连接指令。

指令分析:如图 2-3 所示。

由时序图可以看出 Y000 只在 X000、X003 都为 ON 时有输出,否则无输出;Y001 只在 X001 为 ON、X004 为 OFF 时有输出,否则无输出。

学习要点:

(1)AND、ANI 指令都是单个触点连接指令。

(2)操作元件:X、Y、M、T、C 和 S。

3. 并联指令

并联指令:表示该触点与上面相邻的某一触点或某一组触点是并联连接关系,完成逻辑"或"运算。

OR:常开触点并联连接指令。

ORI:常闭触点并联连接指令。

指令分析:如图 2-4 所示。

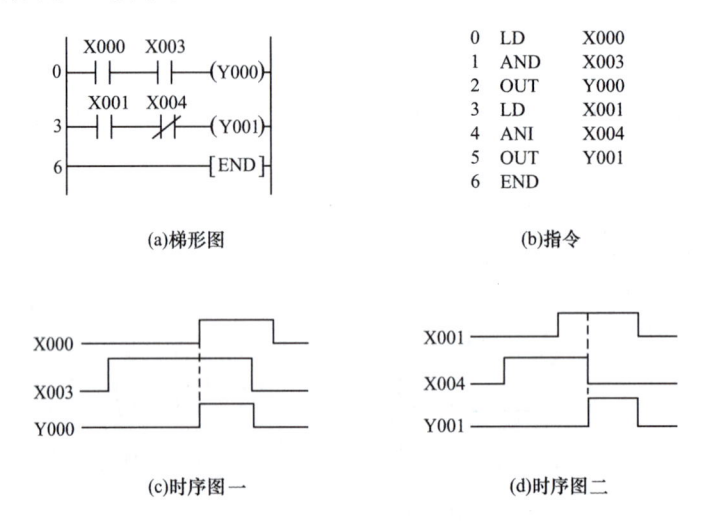

```
0  LD   X000
1  AND  X003
2  OUT  Y000
3  LD   X001
4  ANI  X004
5  OUT  Y001
6  END
```

(a)梯形图   (b)指令

(c)时序图一   (d)时序图二

图 2-3 AND、ANI 指令

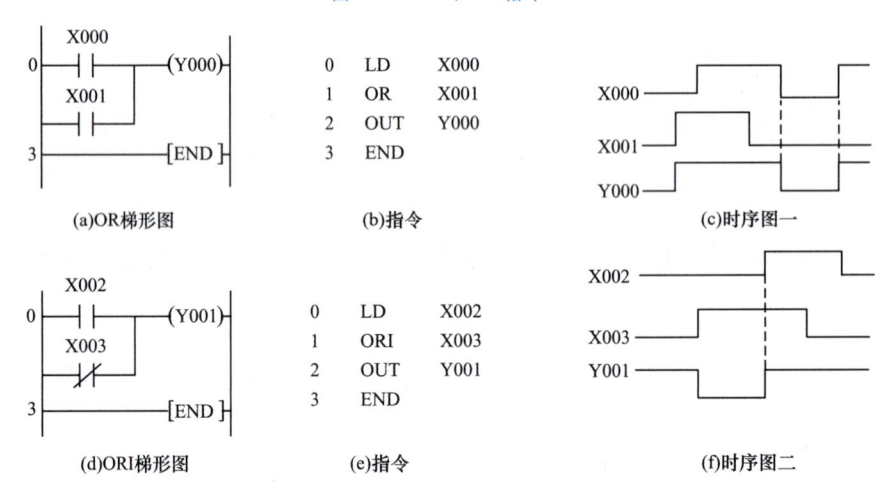

```
0  LD   X000
1  OR   X001
2  OUT  Y000
3  END
```

(a)OR梯形图   (b)指令   (c)时序图一

```
0  LD   X002
1  ORI  X003
2  OUT  Y001
3  END
```

(d)ORI梯形图   (e)指令   (f)时序图二

图 2-4 OR、ORI 指令

学习要点:

(1)OR、ORI 指令都是单个触点并联连接指令。

(2)操作元件:X、Y、M、T、C 和 S。

4. 置位、复位指令

(1)置位指令(SET):又称保持指令,将操作元件保持常 ON 状态。操作元件为 Y、M 和 S。

(2)复位指令(RST):又称解除指令,将操作元件保持常 OFF 状态。操作元件为位元件 Y、M、S、T、C 和字元件 D、V、Z。常用于对位元件 Y、M、S、T、C 复位和对字元件 D、V、Z 中的内容清零。

指令分析:如图 2-5 所示,梯形图中只要 X000 常开触点接通一个扫描周期,Y000 即保持常 ON 状态,直到有复位信号 X001 时,Y000 才断开,并保持常 OFF 状态。

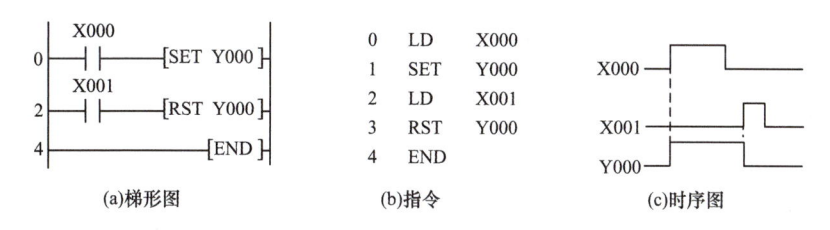

```
0  ├─X000─┤[SET Y000]        0  LD   X000
   ├─X001─┤                   1  SET  Y000
2  ├──────┤[RST Y000]         2  LD   X001
4                  [END]      3  RST  Y000
                              4  END
   (a)梯形图              (b)指令                (c)时序图
```

图 2-5 置位、复位指令

学习要点:当置位信号和复位信号同时出现时,复位信号优先,即保持常 OFF 状态。

5. 输出指令

输出指令:将各触点逻辑运算结果输出,对线圈进行驱动的指令。

OUT:驱动线圈指令。

学习要点:

(1)OUT 指令不能用于输入继电器 X。

(2)操作元件为 Y、M、T、C 和 S。

6. 结束指令

结束指令:用在程序的结尾,表示程序结束。

END:程序结束指令,无操作数。若程序的最后不写 END 指令,则不论实际用户的程序有多长,都从用户程序存储器的第一步执行到最后一步;若有 END 指令,当扫描到 END 时,则结束程序,这样可以缩短扫描周期。

7. 梯形图的编程优点

梯形图是使用得最多的图形编程语言,它与电气控制系统的电路图很相似,直观易懂,容易被工厂电气工程人员掌握,特别适用于开关量逻辑控制。如典型的启-保-停控制电路,其开关量逻辑功能图与梯形图、指令语句表的转换如图 2-6 所示。

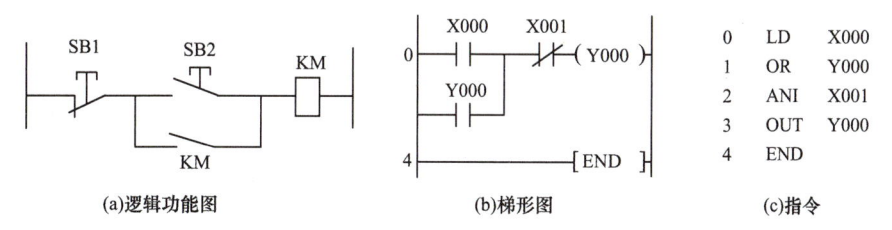

```
 SB1  SB2   KM             X000  X001              0  LD   X000
                        0  ├─┤   ├─/─┤(Y000)        1  OR   Y000
                           │Y000│                   2  ANI  X001
       KM                  ├─┤                      3  OUT  Y000
                        4               [END]       4  END
   (a)逻辑功能图              (b)梯形图                (c)指令
```

图 2-6 开关量逻辑功能图与梯形图、指令语句表的转换

(1)PLC 梯形图中的编程元件沿用了传统继电器的名称,如输入继电器、输出继电器、内部辅助继电器等,但它不是真实的物理继电器,而是在软件中使用的编程元件。每一个编程元件都与 PLC 存储器元件映像区中的一个存储单元相对应。以辅助继电器为例,若某存储单元为 0 状态,梯形图中对应的编程元件的线圈"断电",其常开触点断开,常

闭触点闭合,该编程元件称为 0 状态或称为 OFF(断开);若该存储单元为 1 状态,梯形图中对应的编程元件的线圈"通电",其常开触点接通,常闭触点断开,该编程元件称为 1 状态或称为 ON(接通)。

(2)梯形图的逻辑运算是按梯形图中从上到下、从左到右的顺序进行的。前面运算的结果可以立即被后面的运算所利用。逻辑运算是根据输入映像寄存器中的值,而不是根据运算瞬时外部输入电路的状态来进行的。

(3)梯形图中各编程元件的常开触点和常闭触点均可多次重复使用。

(4)输入继电器的状态只取决于对应的外部输入电路的通断状态,在梯形图中不能出现输入继电器的线圈。

8. 梯形图的格式

梯形图是形象化的编程语言,它用触点的连接组合表示条件,用线圈的输出表示结果,从而绘制出若干逻辑行组成顺序控制电路图,从图 2-6(b)可以看出,梯形图的绘制必须按规定的格式进行。

(1)与 PLC 程序的执行顺序一样,各逻辑行的编写顺序也是按从上到下、从左到右的顺序编写。梯形图左边垂直线称为起始母线,右边垂直线称为终止母线。每一逻辑行总是从起始母线开始,终止于终止母线(书写时可省略)。

(2)每一逻辑行由一个或多个支路组成。左边是由触点组成的支路,表示控制条件;右端必须连接输出线圈,表示控制结果。输出线圈总是终止于右母线,同一标志的输出线圈只能使用一次。

(3)梯形图中的触点可以任意串联和并联,而输出线圈只能并联,不能串联。

9. 梯形图中的图元符号

梯形图中的图元符号是对继电器控制图中的图形符号的简化和抽象,两者的对应关系见表 2-1。

表 2-1　　　　　　　　　　梯形图中的图元符号

名称	梯形图中的图元符号	继电器-接触器控制图中的符号
常开	─┤├─	─╲─ ─╲─ ─╱─ ─╱─
常闭	─┤/├─ ─╫─	─╲─ ─╫─ ─╲─ ─╲─
线圈	─○─ ─( )─ ─⬭─	─□─

2.1.3 任务实施

1. 输入、输出点的分配

输入、输出点的分配见表 2-2。

表 2-2　　　　　　　　　　　　　输入、输出点的分配 1

输入点		输出点	
名称	输入点编号	名称	输出点编号
正向启动按钮 SB1	X0	接触器 KM1	Y0
反向启动按钮 SB2	X1	接触器 KM2	Y1
停止按钮 SB3	X2		

2. PLC 端子接线

（1）主电路不变，按图 2-1 所示的主电路完成接线。

（2）图 2-1 中的控制电路按照图 2-7 完成 PLC 的外部接线。输入点类型采用常开点。

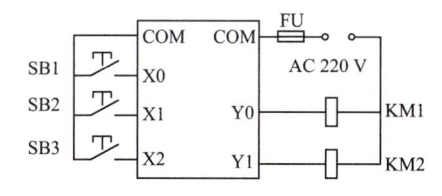

图 2-7　PLC 端子接线

3. 程序设计及调试

程序设计如图 2-8 所示为电动机正/反转控制梯形图，按下 SB1，输入继电器 X000 的常开触点闭合，输出继电器 Y000 得电有输出，其常开触点闭合，与 Y000 端子相连的接触器 KM1 得电，电动机正向启动并运行。按下 SB3，输入继电器 X002 的常闭触点断开，输出继电器 Y000 断电无输出，则接触器 KM1 断电，电动机停止运行。按下 SB2，输入继电器 X001 的常开触点闭合，输出继电器 Y001 得电有输出，其常开触点闭合，与 Y001 端子相连的接触器 KM2 得电，电动机反向启动并运行。

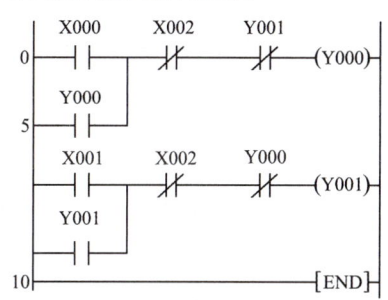

图 2-8　电动机正/反转控制梯形图

将梯形图 2-8 输入计算机并传入 PLC，按照图 2-7 接线，运行并观察其现象。

4. 任务考核

（1）按照任务要求完成 I/O 分配表。

（2）按照任务要求编制程序。

（3）设计 PLC 接线电路并完成接线。

（4）输入程序并进行调试。

考核要求、评分标准见表 2-3。

操作者自行接好线,检查无误后再通电运行。

表 2-3　　　　　　　　　　考核要求、评分标准 1

序号	项目	配分	评分标准	得分
1	I/O 分配表	10	每错一处扣 2 分	
2	PLC 接线图	10	每错一处扣 2 分	
3	梯形图	20	每错一处扣 2 分	
4	指令表	10	每错一处扣 2 分	
5	程序输入	25	1. 操作不熟练,不会使用删除、插入、修改、监控方法扣 5~20 分 2. 不会利用按钮开关模拟调试扣 5~20 分	
6	运行	15	调试运行不成功扣 15 分	
7	安全文明操作	10	违反操作规程扣 2~10 分,发生严重安全事故扣 10 分	
开始时间:		结束时间:		

想一想?

如何应用置位、复位指令实现电动机连续运行控制?

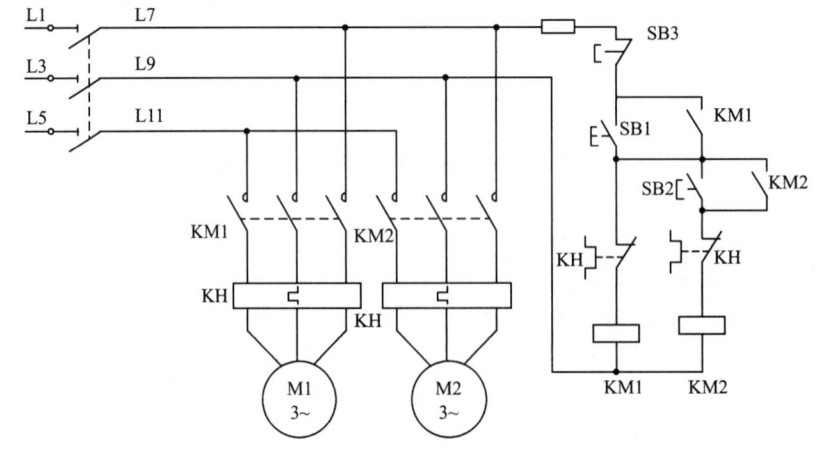

任务 2.2　三相异步电动机顺序启动控制

技能点

- ◆ 掌握电动机顺序启动控制特点
- ◆ 会用多重输出指令完成电动机顺序启动控制
- ◆ 会用主控指令完成电动机顺序启动控制

2.2.1　任务描述

顺序控制是在一个设备启动之后另一个设备才能启动的一种控制方法。许多生产机械装有多台电动机,根据生产工艺的要求,有些电动机必须按一定的顺序启停。例如:机床要求润滑油泵启动后才能启动主轴。

如图 2-9 所示为实现顺序控制的电路图。M1 启动后,M2 才能启动,因为 SB2 和 KM1 是断开状态,只有当 KM1 吸合实现自锁之后,SB2 按钮才起作用,使 KM2 通电吸合。

图 2-9　三相异步电动机顺序启动控制

2.2.2 相关知识

1. 块或指令 ORB

块或指令 ORB，或称为串联电路块的并联指令，是将两个或两个以上的串联电路块并联连接的指令。

指令说明：

两个以上触点串联连接而成的电路块称为"串联电路块"，将串联电路块与上面的电路并联连接时用 ORB 指令。串联电路块并联连接时，在支路始端用 LD 和 LDI 指令，在支路终端用 ORB 指令。应用举例如图 2-10 所示。

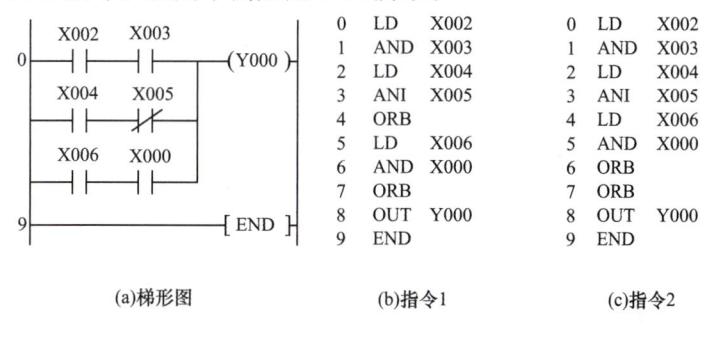

(a)梯形图	(b)指令1	(c)指令2
X002 X003 X004 X005 X006 X000 (Y000) [END]	0 LD X002 1 AND X003 2 LD X004 3 ANI X005 4 ORB 5 LD X006 6 AND X000 7 ORB 8 OUT Y000 9 END	0 LD X002 1 AND X003 2 LD X004 3 ANI X005 4 LD X006 5 AND X000 6 ORB 7 ORB 8 OUT Y000 9 END

图 2-10 ORB 指令

注意事项：

(1) ORB 指令不带操作数。

(2) 多重并联电路中，若每个串联块都用 ORB 指令，则并联电路数不受限制，如图 2-10(b) 所示。ORB 指令可以集中起来使用，如图 2-10(c) 所示，但是切记，此时在一条线上的 LD 和 LDI 指令重复使用数必须少于 8 次，也就是说，ORB 指令只能连续使用 8 次以下 (这种程序写法不推荐使用)。

2. 块与指令 ANB

块与指令 ANB，或称为并联电路块的串联指令，是将并联电路块的始端与前一个电路串联连接的指令。

指令说明：

两个以上触点并联的电路称为"并联电路块"，并联电路块串联连接时要用 ANB 指令。使用 ANB 指令之前，应先完成并联电路块的内部连接。并联电路块中各支路的起始点使用 LD 或 LDI 指令，在整个并联电路块的指令后面用 ORB 指令来完成两个电路的串联，如图 2-11 所示。

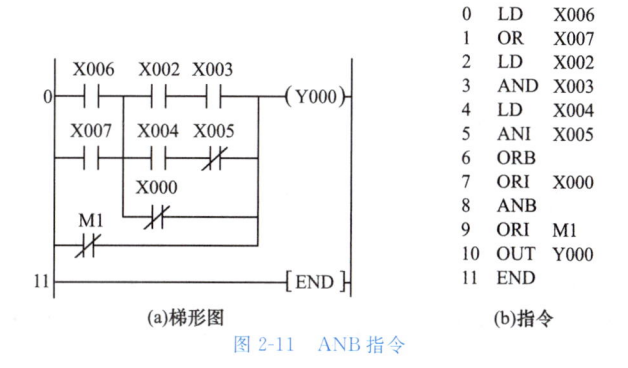

(a)梯形图	(b)指令
X006 X002 X003 X007 X004 X005 X000 M1 (Y000) [END]	0 LD X006 1 OR X007 2 LD X002 3 AND X003 4 LD X004 5 ANI X005 6 ORB 7 ORI X000 8 ANB 9 ORI M1 10 OUT Y000 11 END

图 2-11 ANB 指令

注意事项：

（1）ANB 指令不带操作数，后面不带任何软元件。

（2）多个并联块电路中，若每个并联块都用 ANB 指令顺次串联，则并联电路数不受限制，如图 2-11(b) 所示。ANB 指令可以集中起来使用，但是切记，此时在一条线上的 LD 和 LDI 指令重复使用数必须少于 8 次，也就是说，ANB 指令只能连续使用 8 次以下（这种程序写法不推荐使用）。

3. 多重输出指令

MPS：进栈指令。

MRD：读栈指令。

MPP：出栈指令。

指令说明：

（1）在 FX 系列 PLC 中有 11 个存储器，用来存储运算的中间运算结果，称为堆栈存储器。

（2）MPS 指令用来将此刻的运算结果送入堆栈的第一层，而将原存在第一层的数据移到堆栈的下一层。

（3）MRD 指令用来读出最上层的最新数据，此时堆栈内的数据不移动。

（4）MPP 指令用来将各数据按顺序向上移动，最上层的数据被读出，同时该数据就从堆栈内消失。

（5）MPS、MRD、MPP 指令都不带操作数，后面不带任何软元件。

（6）MPS 和 MPP 必须成对使用，而且连续使用应少于 11 次。

多重输出指令使用分析如图 2-12 所示。指令应用举例如图 2-13 所示，为二层堆栈编程。

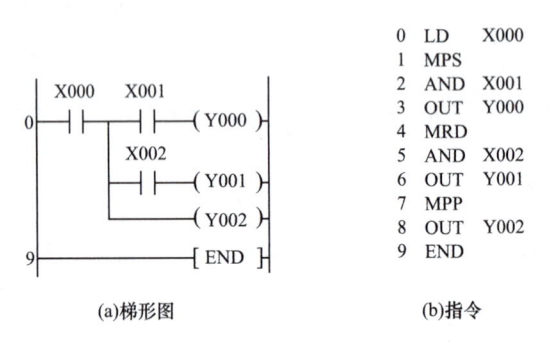

```
0  LD   X000
1  MPS
2  AND  X001
3  OUT  Y000
4  MRD
5  AND  X002
6  OUT  Y001
7  MPP
8  OUT  Y002
9  END
```

(a) 梯形图　　　　(b) 指令

图 2-12　多重输出指令

4. 主控及复位指令

MC（主控）：公共串联触点的连接指令（公共串联触点另起新母线）。

MCR（主控复位）：MC 指令的复位指令。

这两个指令分别设置主控电路块的起点与终点。

指令说明：

（1）输入接通时，接通 MC 与 MCR 之间的指令；输入断开时，非累计定时器及用 OUT 指令驱动的软元件将处在断开的状态。而积算定时器、计数器及用 SET/RST 指令

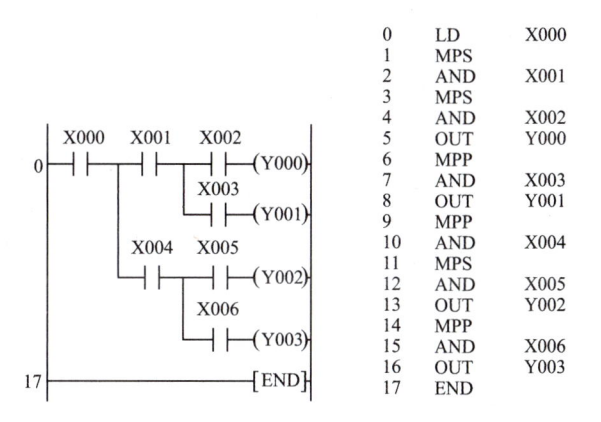

```
 0   LD    X000
 1   MPS
 2   AND   X001
 3   MPS
 4   AND   X002
 5   OUT   Y000
 6   MPP
 7   AND   X003
 8   OUT   Y001
 9   MPP
10   AND   X004
11   MPS
12   AND   X005
13   OUT   Y002
14   MPP
15   AND   X006
16   OUT   Y003
17   END
```

图 2-13 二层堆栈编程

驱动的元件呈保持当前状态。

（2）执行 MC 指令后，母线移至 MC 触点之后，要返回原母线必须用 MCR。MC 与 MCR 须成对使用。

（3）MC 指令的目标元件为 Y、M，不能使用特殊辅助继电器。

（4）在 MC 指令内再使用 MC 指令时，嵌套级 N 的编号就顺次增大，嵌套最多不超过 8 级。

应用举例如图 2-14 所示。其中，图 2-14（a）为无嵌套级编程，图 2-14（b）为嵌套级编程。

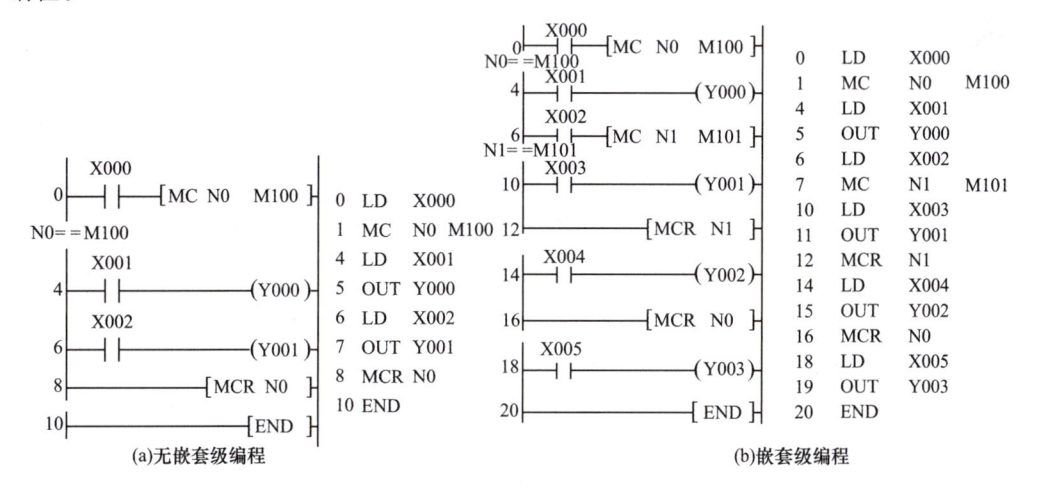

```
(a) 无嵌套级编程                      (b) 嵌套级编程
 0 LD  X000                     0  LD   X000
 1 MC  N0 M100                  1  MC   N0  M100
 4 LD  X001                     4  LD   X001
 5 OUT Y000                     5  OUT  Y000
 6 LD  X002                     6  LD   X002
 7 OUT Y001                     7  MC   N1  M101
 8 MCR N0                      10  LD   X003
10 END                         11  OUT  Y001
                               12  MCR  N1
                               14  LD   X004
                               15  OUT  Y002
                               16  MCR  N0
                               18  LD   X005
                               19  OUT  Y003
                               20  END
```

图 2-14 主控及复位指令应用举例

5. 脉冲输出指令 PLS、PLF

PLS：微分输出指令，上升沿有效。操作元件为：Y、M。

PLF：微分输出指令，下降沿有效。操作元件为：Y、M。

这两个指令用于目标元件的脉冲输出，当输入信号跳变时产生一个宽度为扫描周期的脉冲。

（1）使用 PLS 指令，元件 Y、M 仅在驱动输入接通后的第一个扫描周期内动作；使用 PLF 指令，元件 Y、M 仅在驱动输入断开后的第一个扫描周期内动作。

（2）特殊继电器 M 不能用作 PLS 或 PLF 的目标元件。

举例如图 2-15 所示。

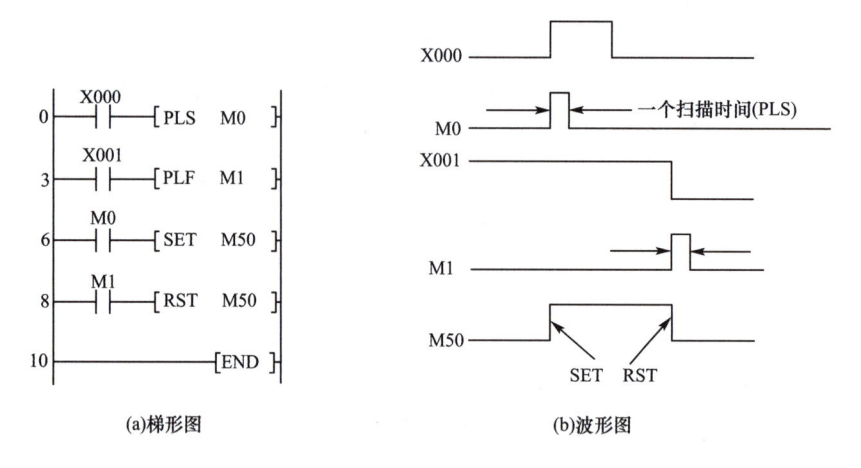

```
 0  ─┤X000├──────[PLS  M0 ]
 3  ─┤X001├──────[PLF  M1 ]
 6  ─┤M0  ├──────[SET  M50]
 8  ─┤M1  ├──────[RST  M50]
10  ─────────────[END]
```

(a)梯形图

X000 ──┐_┌──────
M0   ───┤▔├──── 一个扫描时间(PLS)
X001 ──┐_____┌──
M1   ──────────┤▔├──
M50 ────┌▔▔▔▔▔┐────
         SET   RST

(b)波形图

图 2-15 PLS、PLF 指令

6. 空操作指令 NOP

NOP 不执行操作，但占一个程序步。执行 NOP 时并不做任何事，有时可用 NOP 指令短接某些触点或用 NOP 指令将不需要的指令覆盖。当 PLC 执行了清除用户存储器操作后，用户存储器的内容全部变为空操作指令。

2.2.3 任务实施

1. 输入、输出点的分配

输入、输出点的分配见表 2-4。

表 2-4 输入、输出点的分配 2

输入点		输出点	
名称	输入点编号	名称	输出点编号
M1 启动按钮 SB1	X0	接触器 KM1	Y0
M2 启动按钮 SB2	X1	接触器 KM2	Y1
停止按钮 SB3	X2		

2. PLC 端子接线

（1）主电路不变，按图 2-9 中的主电路完成接线。

（2）图 2-9 中的控制电路按图 2-16 所示，完成 PLC 的接线。输入点类型采用常开点。

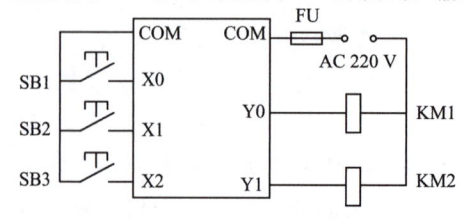

图 2-16 PLC 端子接线

3. 程序设计及调试

用主控指令实现，程序设计梯形图如图 2-17 所示。

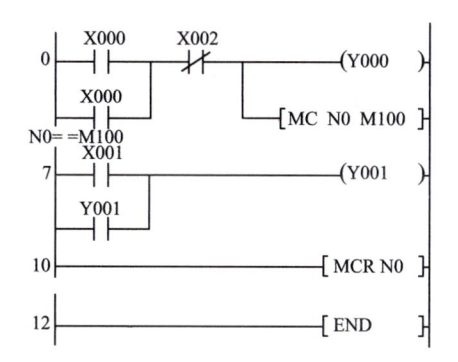

```
      X000    X002
  0 ──┤├──────┤/├─────────────( Y000 )
      │
      X000
  ────┤├──────────────────────[ MC  N0  M100 ]
  
  N0= =M100
      X001
  7 ──┤├──────────────────────( Y001 )
      │
      Y001
  ────┤├──

 10 ──────────────────────────[ MCR  N0 ]

 12 ──────────────────────────[ END ]
```

图 2-17　主控指令实现电动机顺序启动的梯形图

将梯形图 2-17 输入计算机并传入 PLC，按照图 2-16 接线，运行并观察其现象。

4. 任务考核

(1) 按照任务要求完成 I/O 分配表。

(2) 按照任务要求编制程序。

(3) 设计 PLC 接线电路并完成接线。

(4) 输入程序进行调试。

考核要求、评分标准见表 2-5。

操作者自行接好线，检查无误后再通电运行。

表 2-5　　　　　　　　　　考核要求、评分标准 2

序号	项目	配分	评分标准	得分
1	I/O 分配表	10	每错一处扣 2 分	
2	PLC 接线图	10	每错一处扣 2 分	
3	梯形图	20	每错一处扣 2 分	
4	指令表	10	每错一处扣 2 分	
5	程序输入	25	1. 操作不熟练，不会使用删除、插入、修改、监控方法扣 5～20 分 2. 不会利用按钮开关模拟调试扣 5～20 分	
6	运行	15	调试运行不成功扣 15 分	
7	安全文明操作	10	违反操作规程扣 2～10 分，发生严重安全事故扣 10 分	
开始时间：		结束时间：		

想一想？

如何用多重指令实现电动机的顺序启动？

任务 2.3　灯光闪烁控制

技能点
- ◆ 会灵活使用定时器进行程序设计
- ◆ 会灵活使用计数器进行程序设计
- ◆ 会编制程序并上机调试

2.3.1　任务描述

流水行云——设计一个彩灯控制的 PLC 系统

✡　✡　✡　✡　✡

设有 5 个彩灯,功能要求：
(1)当按下 SB1 时,5 个灯 HL0~HL4 依次按间隔 2 s 点亮。
(2)当灯 HL0~HL4 全部点亮时,继续维持 3 s,此后全部熄灭。
(3)熄灭 2 s 后,自动进入下一轮循环。
(4)循环 3 次后,停止工作。

2.3.2　相关知识

1. 定时器应用设计

(1)定时范围的扩展

FX 系列的定时器的最长定时时间为 3 276.7 s,可以利用特殊辅助继电器 M8014 的触点,给计数器提供周期为 1 min 的时钟脉冲,这样单个计数器的最长定时时间为 32 767 min。

若需要更长的定时时间,可参考图 2-18 所示定时器与计数器配合延时的电路。当 X006 为 OFF 时,T1 和 C1 为复位状态,它们不能工作;当 X006 为 ON 时,其常开触点接通,T1 开始定时,600 s 后 T1(100 ms 定时器)的定时时间到,其当前值等于设定值,它的常闭触点接通,使它自己复位,复位后 T1 的当前值变为 0,同时它的常闭触点接通,使它自己的线圈重新"通电",又开始定时。T1 将这样周而复始地工作,直到 X006 变为 OFF。

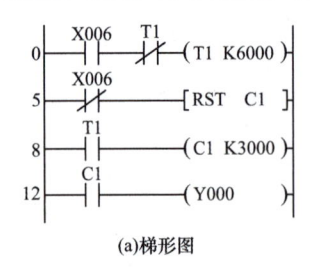

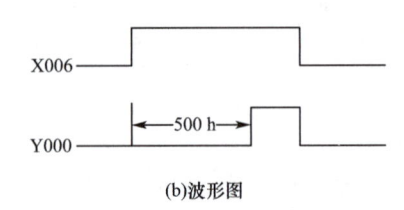

图 2-18　定时器与计数器配合延时

从图 2-18 可看出,最上面一行电路是一个脉冲信号发生器,脉冲周期就是 T1 的初始设定值。T1 产生的脉冲信号送给 C1 进行计数,计满 3 000 个脉冲后,C1 的当前值等于设定值,它的常开触点闭合。设 T1 和 C1 设定值分别为 K_T 和 K_C,对于 100 ms 定时器,总的定时时间为:

$$T=0.1K_T K_C$$

想一想?

利用此公式,设计一个定时 5 h 的控制器,完成对电动自行车的充电控制。

(2)彩灯的闪烁控制程序

【例 2-1】 设计一个彩灯循环闪烁控制(亮 0.5 s,灭 0.5 s)。

解:用定时器控制完成。

方法一,如图 2-19 所示。

方法二,如图 2-20 所示。

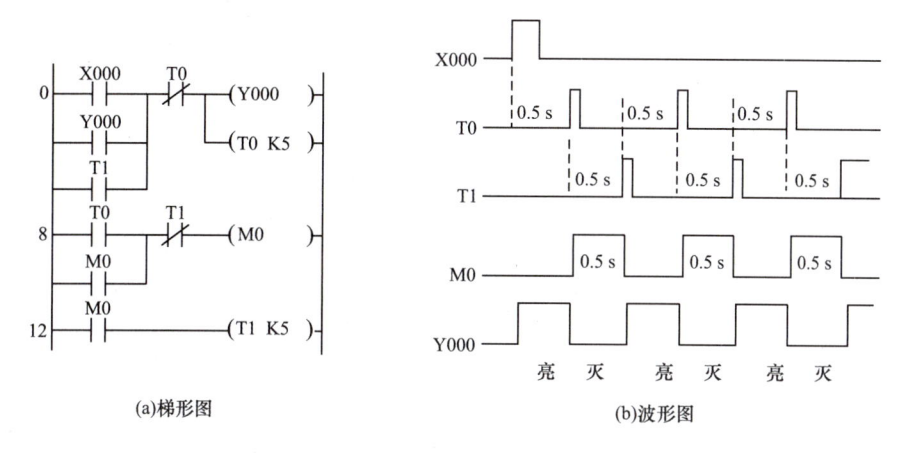

图 2-19 彩灯闪烁控制方法一

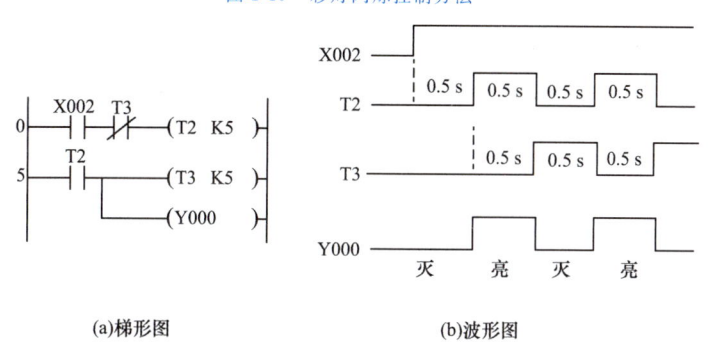

图 2-20 彩灯闪烁控制方法二

(3)延时接通延时断开电路

如图 2-21 所示电路用 X002 控制 Y001,要求 X002 变为 ON 后,过 10 s 后 Y001 才变为 ON,X002 变为 OFF 后,过 5 s 后 Y001 才变为 OFF,Y001 用启-保-停电路来控制。

X002 的常开触点接通后,T2 开始定时,10 s 后 T2 的常开触点接通,使 Y001 变为 ON。X002 为 ON 时其常闭触点断开,使 Y001 变为 OFF,T3 被复位。

(4)多个定时器接力定时的时序控制电路

可以用多个定时器"接力"定时实现对时序控制电路中的输出继电器的工作控制,如

(a)梯形图 (b)波形图

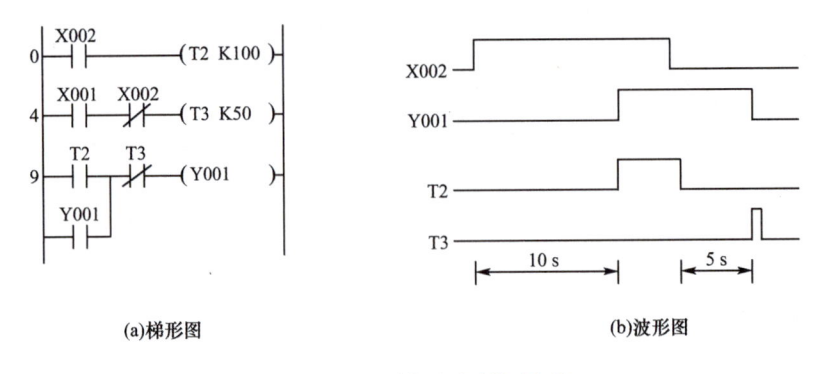

图 2-21　延时接通延时断开电路

图 2-22 所示,按下启动按钮 X002 后,要求 Y000 和 Y001 按图中的时序工作,图中用 T0、T1、T2 来对三段时间定时。启动按钮提供给 X002 的是短信号,为了保证定时器的线圈有足够长的"通电"时间,用启-保-停电路控制 M0。按下启动按钮 X002 后,M0 变为 ON,其常开触点使定时器 T0 的线圈"通电",开始定时,4 s 后 T0 的常开触点闭合,使 T1 的线圈"通电",T1 开始定时,5 s 后 T1 的常开触点闭合,使 T2 的线圈"通电",这样各定时器以"接力"的方式依次对各段时间定时,如图 2-22 所示,直至最后一段定时结束,T2 的常闭触点断开,使 M0 变为 OFF,M0 的常开触点断开,使 T0 的线圈"断电",T0 的常开触点断开,又使 T0 的线圈"断电",这样所有的定时器都被复位,系统回到初始状态。

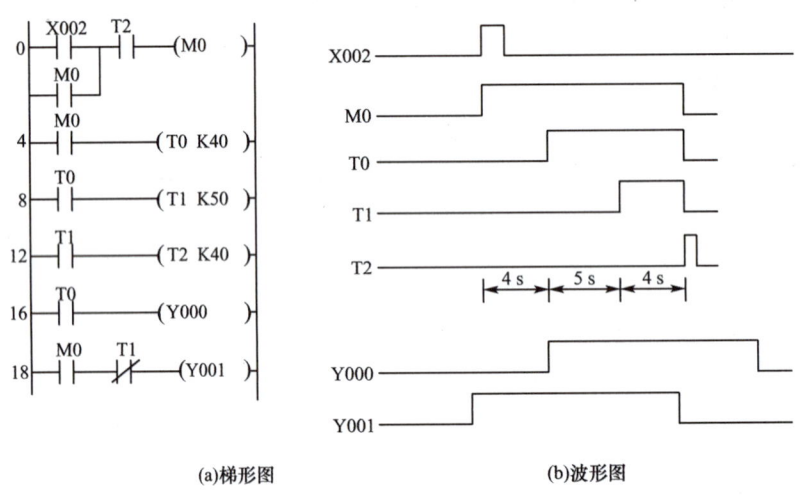

(a)梯形图 (b)波形图

图 2-22　多个定时器接力定时的时序控制

控制 Y000 和 Y001 的输出电路可以根据波形图来设计。由图 2-22 可知,Y000 的波形与 T0 的常开触点的波形相同,所以用 T0 的常开触点来控制 Y000 的线圈。Y001 的波形可以由 T1 常开触点的波形取反后,再与 M0 的波形相"与"而得到,即 $Y = M0 \times \overline{T1}$,用常闭触点可以实现取反,"与"运算可以用触点的串联来实现,所以 Y001 用 M0 的常开触点和 T1 的常闭触点组成的串联电路来驱动。

2. 计数器应用设计

(1) 计数器的扩展

FX 系列 PLC 的计数器的最大计数值为 32 767,而在实际应用中,如果计数值超过该值,就需要对计数器的计数范围进行扩展,如图 2-23 所示为计数器扩展电路。

在图 2-23 中,计数信号为 X000,它作为 C0 的计数端输入信号,每一个上升沿 C0 计数 1 次;C0 的常开触点作为计数器 C1 的计数输入端,C0 计数到 5 000 时,计数器 C1 计数 1 次;C1 的常开触点作为计数器 C2 的计数输入端,C1 计数到 2 000 时,计数器 C2 计数 1 次。这样当 $C_{总}=5\ 000 \times 2\ 000 \times 20 = 200\ 000\ 000$ 次时,即当 X000 的上升沿脉冲数达到 200 000 000 时,Y000 才被置位。

使用时,应注意计数器复位输入端逻辑的设计,要保证能准确及时复位。该例中,X001 为外置公共复位信号。C0 计数到 5 000 时,在计数器 C1 计数 1 次后的下一个扫描周期,它的常开触点自行复位;同理,C1 计数到 2 000 时,在计数器 C2 计数 1 次后的下一个扫描周期,它的常开触点自行复位。

计数器扩展可按公式进行扩展:$C_{总}=K1 \times K2 \times \cdots \times Kn$,其中,$K1、K2 \cdots Kn$ 为不同计数器的计数设定值,可根据实际需要确定计数器和计数设定值。

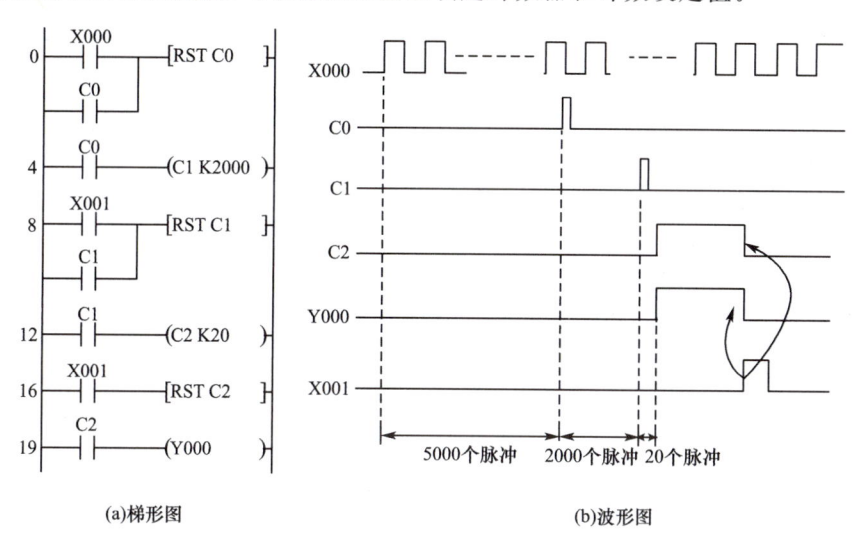

图 2-23 计数器扩展电路

(2) 车间产品的统计监控

【例 2-2】 某生产车间,需要对每天生产的产品进行统计:当产品达到 50 件时,车间监控室的绿灯亮;当产品数量达到 100 件时,车间监控室的红灯以 1 s 为间隔闪烁报警。

解:控制分析

(1) 首先需要有计数检测装置(传感器),可检测是否有产品生产完毕。

(2) 本例要求对产品进行计数统计,要用到 PLC 的编程元件:计数器。

(3) 红灯以 1 s 为间隔闪烁报警要用到特殊辅助继电器 M8013。

I/O 接线图和梯形图如图 2-24 所示。

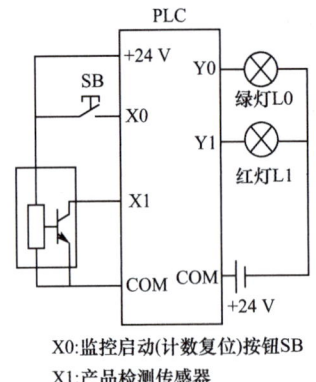

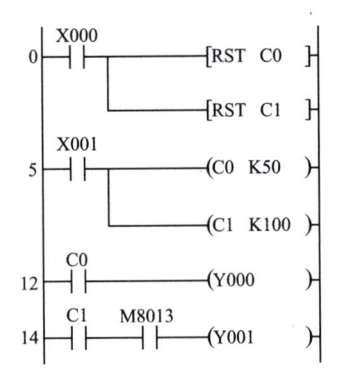

```
                    PLC
                   +24 V
         SB            Y0  ⊗ 绿灯L0
          ╱
              X0
                       Y1  ⊗ 红灯L1
              X1
              COM  COM
                       +24 V

X0:监控启动(计数复位)按钮SB
X1:产品检测传感器
Y0:监控室绿灯L0
Y1:监控室红灯L1
```

(a) I/O 接线图

```
     X000
0    ─┤├────────────[RST C0]─
                   └─[RST C1]─
     X001
5    ─┤├────────────(C0 K50)─
                   └─(C1 K100)─
      C0
12   ─┤├────────────(Y000)─
      C1    M8013
14   ─┤├───┤├───────(Y001)─
```

(b) 梯形图

图 2-24 车间产品的统计监控

想一想？

(1) 如何让两个彩灯交替闪烁？闪烁时间可自行设定。

(2) 红灯间隔 1 s 闪烁是否还有其他设计方法？（可采用定时器 1 s 自复位电路循环定时）

2.3.3 任务实施

1. 输入点、输出点的分配

输入点、输出点的分配见表 2-6。

表 2-6　　　　　　　　　　输入点、输出点的分配 3

输入点		输出点	
名称	输入点编号	名称	输出点编号
启动按钮 SB1	X0	灯 HL0	Y0
		灯 HL1	Y1
		灯 HL2	Y2
		灯 HL3	Y3
		灯 HL4	Y4

2. PLC 端子接线

按照图 2-25(a) 所示，完成 PLC 的外部接线。输入点类型采用常开点。

3. 程序设计及调试

程序设计梯形图如图 2-25(b) 所示。将梯形图输入计算机并传入 PLC，运行并观察其现象。

想一想？

使用计数器之前，为何要先对其复位？

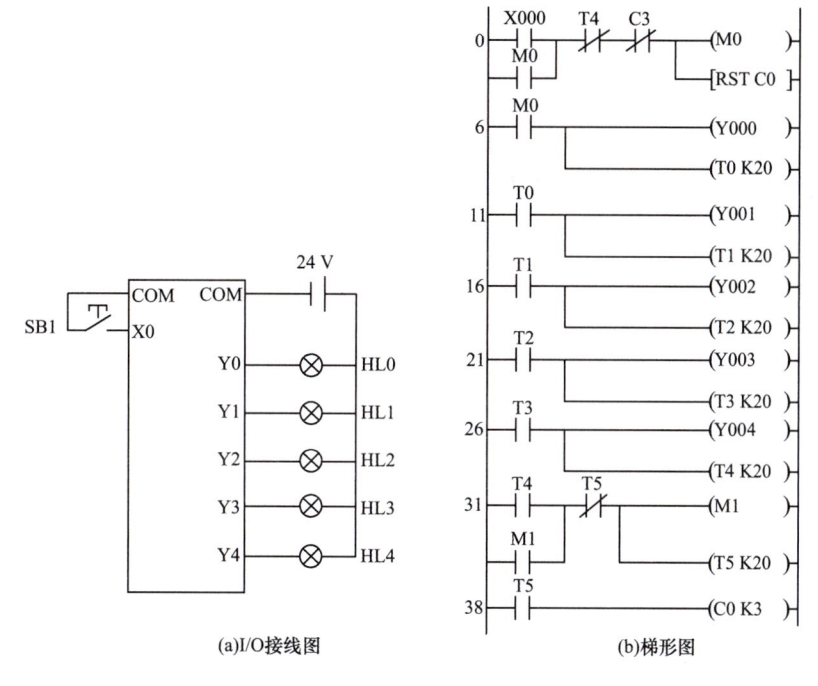

图 2-25 灯光闪烁控制

4. 任务考核

(1) 按照任务要求完成 I/O 分配表。
(2) 按照任务要求编制程序。
(3) 设计 PLC 接线电路并完成接线。
(4) 输入程序进行调试。

考核要求及评分标准见表 2-7。

操作者自行接好线,检查无误后再通电运行。

表 2-7　　　　　　　　考核要求及评分标准 3

序号	项目	配分	评分标准	得分
1	I/O 分配表	10	每错一处扣 2 分	
2	PLC 接线图	10	每错一处扣 2 分	
3	梯形图	20	每错一处扣 2 分	
4	指令表	10	每错一处扣 2 分	
5	程序输入	25	1. 操作不熟练、不会使用删除、插入、修改、监控方法扣 5～20 分 2. 不会利用指示灯模拟调试扣 5～20 分	
6	运行	15	调试运行不成功扣 15 分	
7	安全文明操作	10	违反操作规程扣 2～10 分,发生严重安全事故扣 10 分	
开始时间:			结束时间:	

任务 2.4　十字路口交通灯控制

技能点
- ◆ 会对接触器-继电器电路进行 PLC 改造
- ◆ 会用 PLC 解决实际工程控制问题

2.4.1　任务描述

信号灯受一个启动开关控制,当启动开关接通时,信号灯系统开始工作,且先南北红灯亮,东西绿灯亮;当启动开关断开时,所有信号灯都熄灭。

南北红灯亮维持 25 s。东西绿灯亮维持 20 s,然后闪亮 3 s 后熄灭。在东西绿灯熄灭时,东西黄灯亮,维持 2 s 后熄灭,这时东西红灯亮,南北绿灯亮。

东西红灯亮维持 25 s。南北绿灯亮维持 20 s,然后闪亮 3 s 后熄灭。在南北绿灯熄灭时,南北黄灯亮,维持 2 s 后熄灭,这时南北红灯亮,东西绿灯亮,周而复始。交通灯控制时序图如图 2-26 所示。

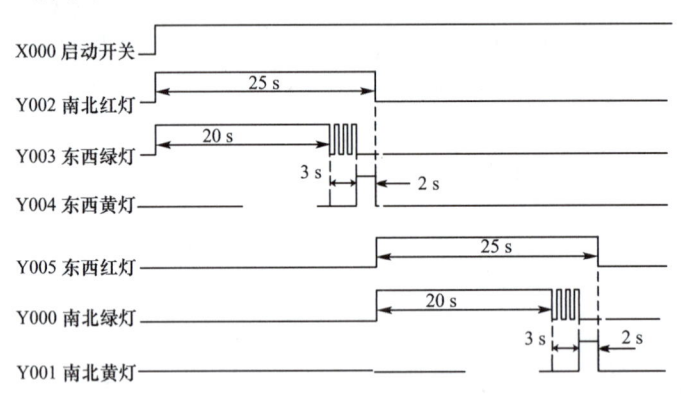

图 2-26　交通灯控制时序图

2.4.2　相关知识

1. 开关量控制系统梯形图设计方法

开关量控制系统梯形图设计方法即根据接触器-继电器电路图的 PLC 梯形图改造法。传统的接触器-继电器控制系统经过长期实践证明,能完成系统的控制功能,而接触器-继电器电路图与 PLC 梯形图在表示方法和分析方法上有很多相似之处,因此可以根据接触器-继电器电路图来设计梯形图,即将接触器-继电器电路图"改造"为具有相同功能的 PLC 外部硬件接线图,这是一种简便方法。由于这种方法一般不需要改动控制面板,保持了系统原有的外部特性,因此工程人员不用改变长期形成的操作习惯。

(1)改造方法

在分析 PLC 控制系统的功能时,可以将它想象成一个接触器-继电器控制系统中的"控制箱",其外部接线图描述了这个控制箱的外部接线,梯形图是这个控制箱的内部"线路图",梯形图中的输入继电器、输出继电器是这个控制箱与外部世界联系的"接口继电器",这样就可以用分析接触器-继电器电路图的方法来分析 PLC 控制系统。在分析时可以将梯形图中输入继电器的触点想象成对应的外部输入器件的触点,将输出继电器的线圈想象成对应的外部负载的线圈。改造步骤(图 2-27)如下:

①分析接触器-继电器电路图的功能,掌握控制系统的工作原理,熟悉被控设备的工艺过程和机械的动作情况,做到改造后的控制功能与原来的一致。

②确定 PLC 的输入信号与输出负载,画出 PLC 的外部接线图。接触器-继电器电路图中的交流接触器和电磁阀等执行机构接在 PLC 的输出端。按钮、控制开关、限位开关、接近开关等接在 PLC 的输入端,给 PLC 提供控制命令和反馈信号。接触器-继电器电路图的中间继电器和时间继电器的功能用 PLC 内部辅助继电器 M 和定时器 T 来完成。

画完 PLC 外部接线图后,也确定了 PLC 的各输入信号和输出负载对应的输入继电器和输出继电器的元件号。如图 2-27(b)中的停止按钮 SB3 接在 PLC 的 X2 输入端子上,该控制信号在梯形图中对应的是元件号为 X2 的输入继电器。在梯形图中,可以将 X2 的触点想象为 SB3 的触点。

③分配接触器-继电器电路图的中间继电器、时间继电器对应于梯形图中的辅助继电器 M 和定时器 T 的元件号。这样就在第 2 步和第 3 步建立了接触器-继电器电路图中的元件和梯形图中的元件号的对应关系,为 PLC 改造架好了桥梁。

④根据上述对应关系画出梯形图。

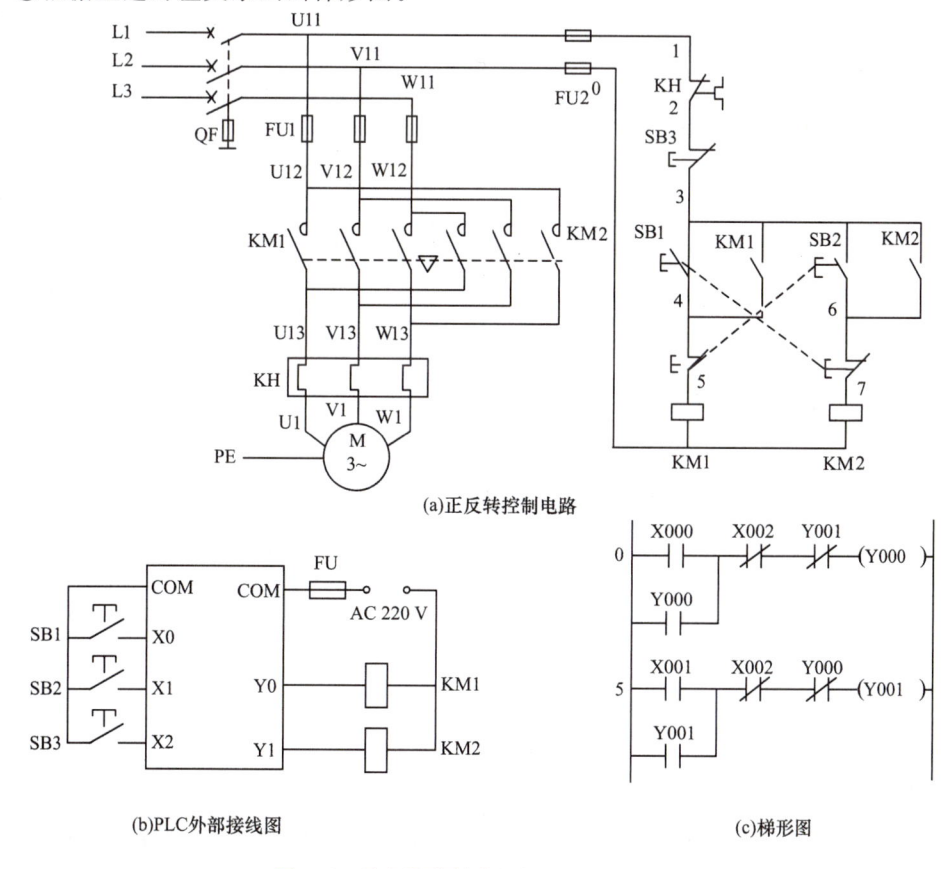

图 2-27 继电器-接触器电路图的 PLC 改造

(2)改造时要注意的技术问题

在设计时应注意梯形图与接触器-继电器电路图的区别。梯形图是 PLC 图形化的程序。而接触器-继电器电路是由硬元件组成的,梯形图与接触器-继电器电路在本质上有很大的区别。因此,根据接触器-继电器电路图改造成梯形图时有很多需要注意的地方。

① 常闭触点提供的输入信号的处理

表 2-8 中,在设计梯形图时输入继电器的触点状态,最好按输入设备全部为常开进行设计,不易出错,如状况 1。如果某些信号只能用常闭输入,可先按输入设备为常开来设计,然后将梯形图中对应的输入继电器触点取反(常开改成常闭、常闭改成常开,如状况 2)。

表 2-8   常闭触点提供的输入信号的处理

继电器-接触器电路图	状况 1		状况 2	
	PLC 外部接线	PLC 梯形图	PLC 外部接线	PLC 梯形图
SB1, SB2, KM	SB1→X0, SB2→X1, COM	X001 X002 —(Y001); Y001	SB1→X0, SB2→X1, COM	X000 X001 —(Y000); Y000

② 尽量减少 PLC 的输入信号和输出信号

由于 PLC 的价格与 I/O 个数有关,减少输入/输出信号的个数是降低硬件费用的主要措施。接触器-继电器控制系统中某些相对独立且比较简单的部分,可以用继电器控制,这样可以减少 PLC 输入点和输出点,如多地控制电路,在外部输入接线方式上采用如图 2-28 所示的接法,这种接法占用 PLC 的输入点个数少,梯形图也比较简单。

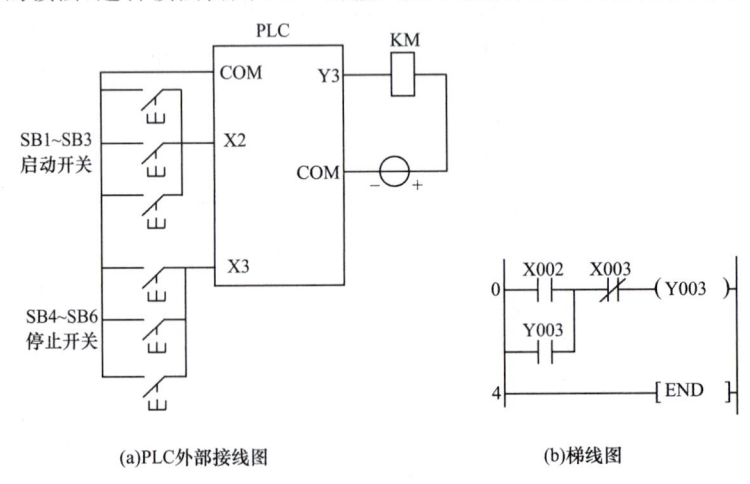

(a) PLC外部接线图   (b) 梯线图

图 2-28 多地控制电路

③ 热继电器过载信号的处理

热继电器的常闭触点可以在 PLC 的输出电路中与控制电动机的交流接触器的线圈

串联。但电动机的过载保护应作为信号输入 PLC,不像接触器-继电器控制线路那样串联在输出控制回路中,因为在接触器-继电器控制线路中,热继电器保护动作会使主电路断电,起保护作用,系统需重新启动才能运行。而 PLC 不一样,如果 KH 保护触点串联在输出回路中,虽然从动作的角度来看,它同样可使电动机停止运行,但由于 PLC 内部仍继续运行,其输出并未切断,一旦 KH 冷却或其他的原因使 KH 触点接通,电动机会立即启动,这样极易造成事故。正确的接法如图 2-29 所示。

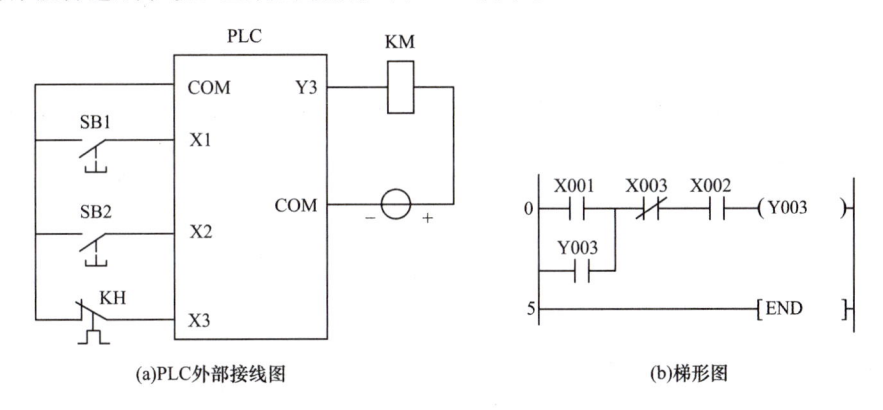

(a)PLC外部接线图　　　　　　　　　　(b)梯形图

图 2-29　热继电器过载信号的处理

④外部互锁电路的建立

为防止控制异步电动机正/反转的两个接触器同时动作,造成三相电源短路,应在 PLC 外部设置硬件互锁控制电路。除了在梯形图中设置与它们对应的输出继电器的线圈串联的常闭触点组成软件互锁电路外,还需要在 PLC 的外围电路上设置硬件互锁电路,以加强保护功能。

⑤时间继电器瞬动触点的处理

硬件时间继电器除了具有延时动作触点外,还有在线圈通电或断电时马上动作的瞬动触点。而 PLC 则没有瞬动触点,解决办法:在梯形图中对应的定时器的线圈两端并联辅助继电器,此辅助继电器的触点相当于时间继电器的瞬动触点。

⑥断电延时的时间继电器的处理

在 FX 系列 PLC 中没有断电延时的时间继电器,解决办法:用线圈通电后延时的定时器来实现断电延时功能。但是通电的定时器线圈必须可以断电,因此连接定时器线圈输入端的触点必须能断开。

如图 2-30 所示为断电延时程序的梯形图和波形图。当 X003 接通时,Y003 线圈接通并自锁,Y003 线圈通电,这时 T3 由于 X003 常闭触点断开而没有接通定时;当 X003 断开时,X003 的常闭触点恢复闭合,T3 线圈得电,开始定时。经过 10 s 延时后,T3 常闭触点断开,使 Y003 复位,Y003 线圈断电,从而实现输入信号 X003 断电后,经 10 s 延时,输出信号 Y003 才断电的延时功能。

(a) 梯形图

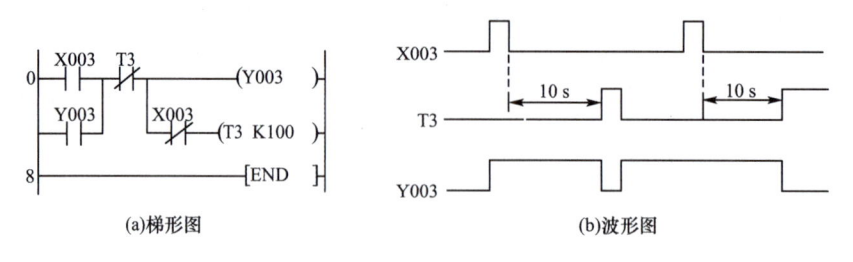

(b) 波形图

图 2-30　断电延时程序

⑦ 外部负载的额定电压

PLC 的继电器输出模块和双向晶闸管输出模块一般只能驱动额定电压为 AC 220 V 的负载，若系统交流接触器的线圈额定电压为 380 V，则应将线圈换成 220 V 的，或在 PLC 外部设置中间继电器。

2. 经验设计法

经验设计法就是根据工程人员的设计经验进行 PLC 程序设计的方法，主要基于以下几点：

(1) PLC 编程从梯形图来看，根本出发点是找出符合输出控制要求的系统所对应的各个输入条件，这些条件总是用 PLC 内部元件按一定的逻辑关系组合实现的。

梯形图的基本模式就是启-保-停电路，如图 2-6 所示。每个启-保-停电路往往只有一个输出，可以是系统输出，也可以是中间变量输出。

(2) 梯形图编程中有一些是典型的基本结构，并且具有一定的功能，在设计时可以借鉴应用，或做适当的改动就可变通使用。

(3) 可以沿用设计接触器-继电器电路图的经验来设计梯形图程序。

经验设计法没有规律可以遵循，具有很强的试探性和随意性，往往需经多次调试才能符合设计要求，设计所用的时间、设计的质量与工程人员的经验有很大的关系。用经验设计法设计 PLC 程序时大致可以按以下步骤进行：

(1) 分析控制要求：在准确了解控制要求后，合理地为控制系统分配 I/O 地址，并选择有关的编程元件，如定时器、计数器、中间继电器等。

(2) 选择控制方法：对于较简单的控制输出，可直接写出它们的控制条件，根据启-保-停电路模块完成相关的梯形图设计，并可借助辅助继电器实现一些复杂功能。对于较复杂的控制输出，结合启-保-停电路的结构特点，先绘出各输出控制的梯形图，在正确分析控制要求后，确定一些控制关键点。如在以逻辑控制为主的系统中，关键点是影响控制状态的点；在以时间控制为主的系统中，关键点是控制状态转换的时间。

(3) 关键点用梯形图表示，设计时可借鉴常见的控制环节，如定时器环节、振荡环节、分频环节等。

(4) 在完成关键点的设计后，根据系统的输出要求进行梯形图的绘制。

(5) 检查梯形图草图，并通过上机调试，进行补充、修改和完善。

下面通过两个例子来介绍经验设计法。

(1) 送料小车自动控制的梯形图程序设计

控制要求：如图 2-31(a)所示，送料小车在左限位开关 X1 处装料，20 s 后装料结束，开始右行，碰到右限位开关 X2 后停下来卸料，25 s 后左行，碰到 X1 后又停下来装料，这样不停地循环工作，直到按下停止按钮 X3。按钮 X4 和 X5 分别用来启动小车右行和左行。

设计思路：以众所周知的电动机正/反转控制的梯形图为基础，设计出的小车控制梯形图如图 2-31(b)所示。为使小车自动停止，将 X002 和 X001 的常闭触点分别与 Y000 和 Y001 的线圈串联。为使小车自动启动，将控制装料、卸料延时的定时器 T0 和 T1 的常开触点，分别与手动启动右行和左行的 X004、X005 的常开触点并联，并用两个限位开关对应的 X001 和 X002 的常开触点分别接通装料、卸料电磁阀和相应的定时器。

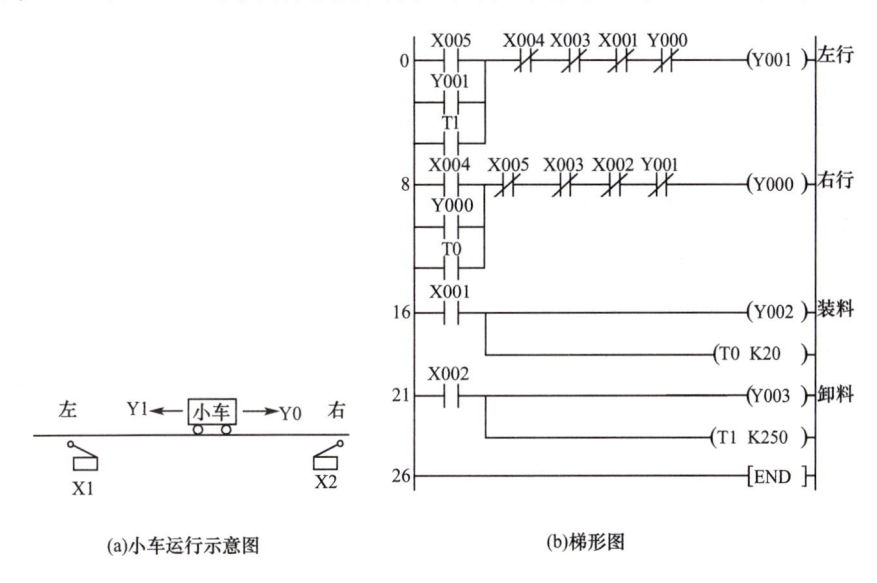

图 2-31 送料小车自动控制

程序分析：设小车在启动时是空车，按下左行启动按钮 X005，Y001 得电，小车开始左行，碰到左限位开关时，X001 的常闭触点断开，使 Y001 失电，小车停止左行。X001 的常开触点接通，使 Y002 和 T0 的线圈得电，开始装料和延时。20 s 后 T0 的常开触点闭合，使 Y000 得电，小车右行。小车离开左限位开关后，X001 变为"0"状态，Y002 和 T0 的线圈失电，停止装料，T0 被复位。对右行和卸料过程的分析与上面的基本相同。如果小车正在运行时按停止按钮 X003，小车将停止运动，系统停止工作。

(2) 两地卸料小车自动控制的梯形图程序设计

控制要求：两地卸料小车运行路线示意图，如图 2-32(a)所示，小车在左限位开关 X1 处装料，但在 X0 和 X2 两地轮流卸料。小车在一个工作循环中有两次碰到 X0，第一次碰到它时停下卸料，第二次碰到它时继续前进，因此应设置一个具有记忆功能的编程元件，区分是第一次还是第二次碰到 X0。

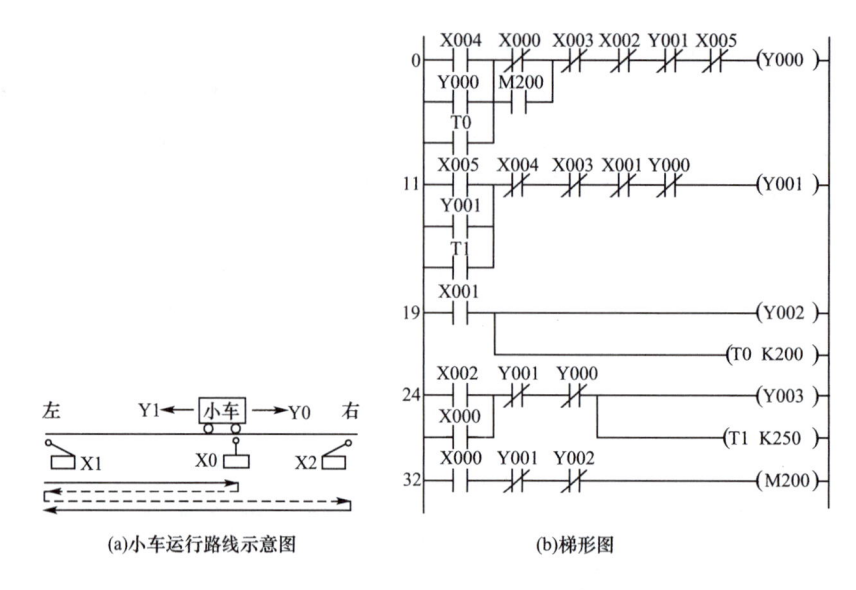

图 2-32　两地卸料小车自动控制

设计思路：两地卸料小车自动控制的梯形图，如图 2-32(b)所示。小车在第一次碰到 X000 和碰到 X002 时都应停止右行，所以将它们的常闭触点与 Y000 的线圈串联。其中 X000 的触点并联了中间元件 M200 的触点，使 X000 停止小车右行的作用受到 M200 的约束，M200 用于记忆 X000 是第几次被碰到，它只在小车第二次右行经过 X000 时起作用。为了利用 PLC 已有的输入信号，用启-保-停电路来控制 M200，它的启动条件和停止条件分别是小车碰到限位开关 X000 和 X002，即 M200 在图 2-32(a)中虚线所示路线内为 ON，在这段时间内 M200 的常开触点将 Y000 控制电路中的 X000 常闭触点短接，因此小车第二次经过 X000 时不会停止左行。

3. 梯形图编写规则

(1)梯形图的各种符号，要以左母线为起点，右母线为终点(可允许省略右母线)从左向右分行画出。每一行的开始是触点群组成的"工作条件"，最右边是线圈表达的"工作结果"。一行写完，自上而下依次再写下一行。注意：左母线与线圈之间一定要有触点，而线圈与右母线之间不能有任何触点。如图 2-33 所示。

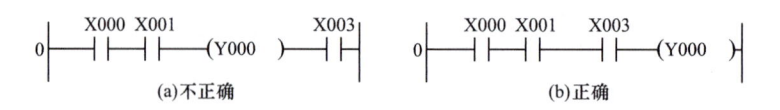

图 2-33　规则(1)说明

(2)触点应画在水平线上，不要画在垂直线上。

(3)并联块串联时，应将触点多的支路放在梯形图的左方。串联块并联时，应将触点多的并联支路放在梯形图的上方。这样安排，程序简洁，指令更少。

(4)不宜使用双线圈输出(STL 指令除外)。若在同一梯形图中，同一元件的线圈使用两次或两次以上，则称为双线圈输出。双线圈输出时，只有最后一次有效，一般不宜使用双线圈输出。在图 2-34（a）中，设 X000＝ON，X001＝OFF，则 Y000 的最后输出为 OFF。

双线圈输出容易引起误动作或逻辑混乱，在图 2-34（b）中，设 X000＝ON，X002＝OFF，第 1 次执行时，Y000＝ON，Y001＝ON；但是当第 2 次执行时，因 X002＝OFF，使 Y000＝OFF，因此实际外部输出为 Y000＝OFF，Y001＝ON。

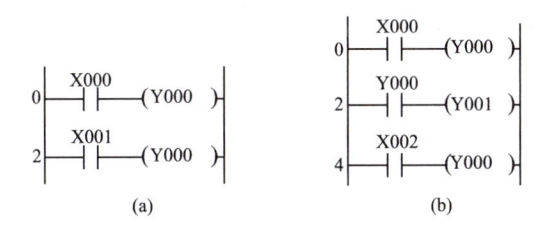

图 2-34　规则(4)说明

2.4.3 任务实施

1. 输入点、输出点的分配

输入点、输出点的分配见表 2-9。

表 2-9　　　　　　　　　　输入点、输出点的分配 4

输入点		输出点			
名称	输入点编号	名称	输出点编号	名称	输出点编号
启动按钮 SD	X0	南北绿灯	Y0	东西绿灯	Y3
		南北黄灯	Y1	东西黄灯	Y4
		南北红灯	Y2	东西红灯	Y5

2. PLC 端子接线

PLC 端子接线，如图 2-35 所示。

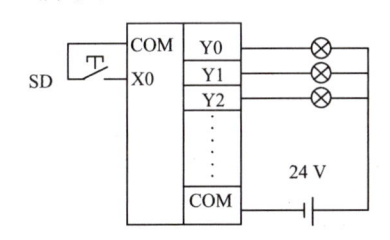

图 2-35　PLC 端子接线

3. 程序设计及调试

梯形图如图 2-36 所示。

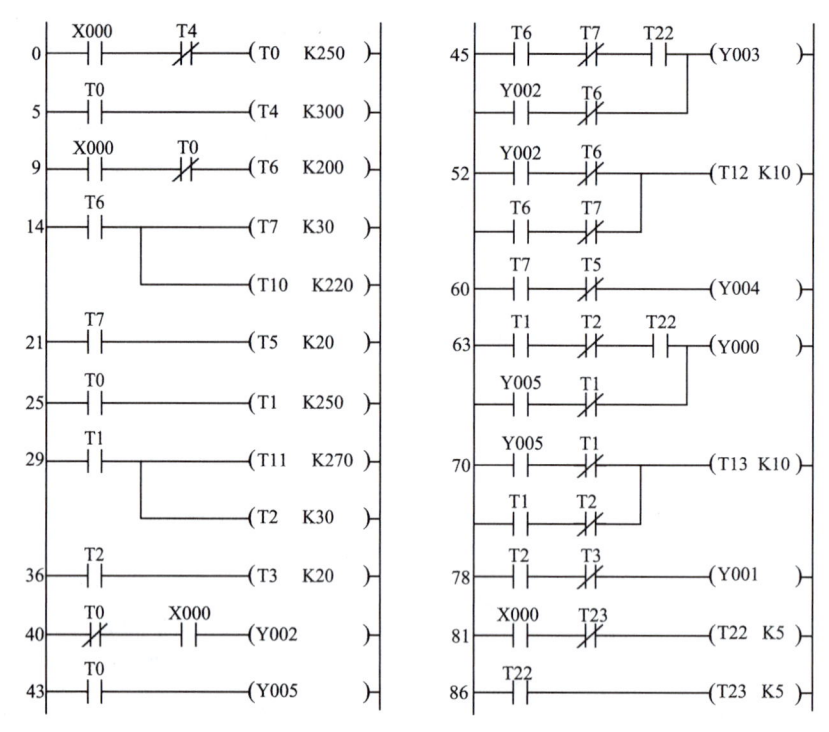

```
    X000      T4
 0  ─┤├───────┤/├──────────(T0  K250)

    T0
 5  ─┤├─────────────────────(T4  K300)

    X000      T0
 9  ─┤├───────┤/├──────────(T6  K200)

    T6
14  ─┤├─────────────────────(T7  K30)
                │
                └───────────(T10 K220)

    T7
21  ─┤├─────────────────────(T5  K20)

    T0
25  ─┤├─────────────────────(T1  K250)

    T1
29  ─┤├─────────────────────(T11 K270)
                │
                └───────────(T2  K30)

    T2
36  ─┤├─────────────────────(T3  K20)

    T0   X000
40  ─┤/├──┤├────────────────(Y002)

    T0
43  ─┤/├───────────────────(Y005)

    T6    T7    T22
45  ─┤├───┤/├──┤├──────────(Y003)
    Y002  T6
    ─┤├───┤├──┘

    Y002  T6
52  ─┤├───┤/├──────────────(T12 K10)
    T6    T7
    ─┤├───┤/├──┘

    T7    T5
60  ─┤├───┤/├──────────────(Y004)

    T1    T2    T22
63  ─┤├───┤/├──┤/├─────────(Y000)
    Y005  T1
    ─┤├───┤├──┘

    Y005  T1
70  ─┤├───┤/├──────────────(T13 K10)
    T1    T2
    ─┤├───┤/├──┘

    T2    T3
78  ─┤├───┤/├──────────────(Y001)

    X000  T23
81  ─┤/├──┤/├──────────────(T22 K5)

    T22
86  ─┤├────────────────────(T23 K5)
```

图 2-36 交通灯控制梯形图

想一想？

若本题改为白天按这种方式运行，晚间只有黄灯以 1 s 为间隔亮灭闪烁工作，如何修改程序？

4. 任务考核

(1) 按照任务要求完成 I/O 分配表。

(2) 按照任务要求编制程序。

(3) 设计 PLC 接线电路并完成接线。

(4) 输入程序进行调试。

考核要求及评分标准见表 2-10。

操作者自己接好线，检测无误后再通电运行。

表 2-10　　　　　　　　　　　　考核要求及评分标准 4

序号	项目	配分	评分标准	得分
1	I/O 分配表	10	每错一处扣 2 分	
2	PLC 接线图	10	每错一处扣 2 分	
3	梯形图	20	每错一处扣 2 分	
4	指令表	10	每错一处扣 2 分	
5	程序输入	25	1. 操作不熟练，不会使用删除、插入、修改、监控方法扣 5～20 分 2. 不会利用指示灯模拟调试扣 5～20 分	
6	运行	15	调试运行不成功扣 15 分	
7	安全文明操作	10	违反操作规程扣 2～10 分，发生严重安全事故扣 10 分	
开始时间：			结束时间：	

能力训练2

1. 把图 2-37 转换为 PLC 梯形图,并与图 2-1 所示电路对比。

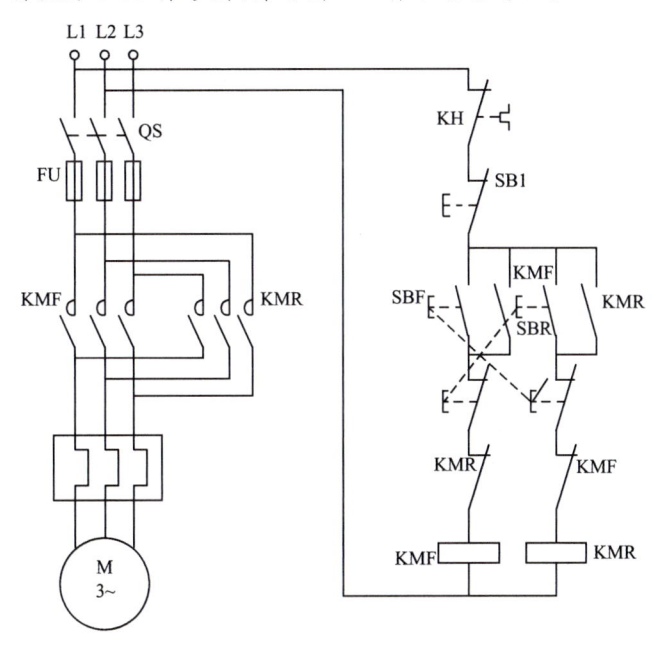

图 2-37 正/反转双重联锁控制电路

2. 把下面指令表语句转换为梯形图。

0	LD	X000	
1	OUT	Y000	
2	LDI	X001	
3	OUT	M50	
4	OUT	T2	K10
7	LD	T2	
8	OUT	Y001	
9	END		

3. 把下面指令表语句转换为梯形图。

0	LD	X000
1	AND	X001
2	OUT	Y000
3	LD	Y000
4	ANI	X002
5	OUT	M2
6	AND	T1

7　OUT　Y002
8　END

4.画出图 2-38 中 M2 的波形图。

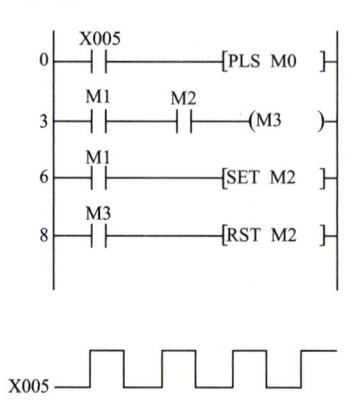

图 2-38　题 4 的梯形图及已知波形图

5.画出图 2-39 中 Y000 的波形图。

图 2-39　题 5 的梯形图及已知波形图

6.写出如图 2-40 所示梯形图的指令表。

图 2-40　题 6 的梯形图

7. 用堆栈存储器指令写出如图 2-41 所示梯形图的指令表。

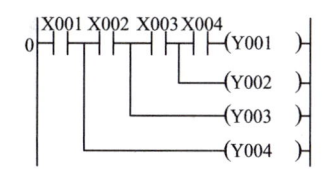

```
     X001 X002 X003 X004
0 ────┤├───┤├───┤├───┤├──(Y001)
                  │       │
                  │       └──(Y002)
                  │
                  └──────────(Y003)
           │
           └─────────────────(Y004)
```

图 2-41　题 7 的梯形图

8. 写出如图 2-42 所示梯形图的指令表。

```
      X006  C1
 0  ───┤├───┤/├──────[MC N0 M50]
N0==M50
      X005
 5  ───┤├────────────(Y003)
 
 7  ─────────────────[MCR N0]

      X002
 9  ───┤├────────────(M3)

      X001
11  ───┤├────────────[RST C10]

      X000
14  ───┤├────────────(C10 K100)

18  ─────────────────[END]
```

图 2-42　题 8 的梯形图

9. 画出下列指令表语句对应的梯形图。

0	LD	X000
1	ANI	M0
2	MPS	
3	LD	X001
4	OR	M1
5	ANB	
6	OUT	Y000
7	MRD	
8	LD	X003
9	AND	X004
10	LD	X005
11	AND	X006
12	ORB	
13	ANB	
14	OUT	Y001
15	MPP	
16	AND	X007

17	OUT	T20	K10
20	LD	X010	
21	OR	M20	
22	ANB		
23	OUT	T0	K100
26	END		

10. 用 SET 指令、RST 指令和微分指令设计满足如图 2-43 所示的梯形图。

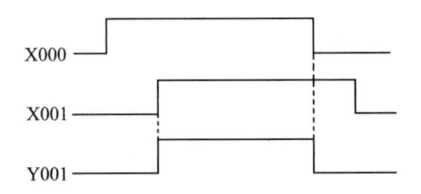

图 2-43　题 10 的梯形图

11. 用主控指令画出图 2-44 的等效梯形图，并写出指令表。

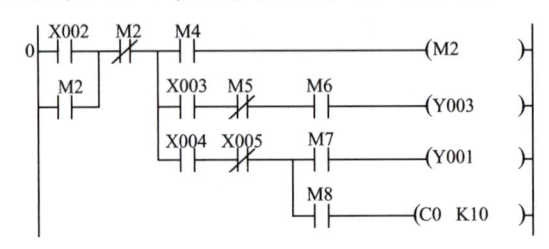

图 2-44　题 11 的梯形图

12. 一个叫"麦当劳"的广告字牌，用 HL1、HL2、HL3 三盏灯来点亮"麦当劳"三个字并实现闪烁，其闪烁规律是：在打开闪烁开关后，首先是"麦"字亮 1 s，接着是"当"字亮 1 s，"劳"字亮 1 s，之后"麦当劳"三个字以 0.5 s 为周期亮灭三次，并进行循环。

13. 设计一个三台电动机控制程序。控制要求：三台电动机在启动按钮按下后，依次启动，启动间隔为 2 s。在停止按钮按下后，逆序停机，停机间隔为 1 s。三台电动机停止 4 s 后，能自行重启动，从而重复前面的工作。

14. 设计抢答器 PLC 控制系统。控制要求：

(1) 抢答台 A、B、C、D，有指示灯、抢答键。

(2) 裁判员台，有指示灯、复位按键。

(3) 抢答时，有 2 s 声音报警。

15. 设计两台电动机顺序控制 PLC 系统。控制要求：两台电动机相互协调运转，M1 运转 10 s，停止 5 s，M2 要求与 M1 相反，M1 停止 M2 运行，M1 运行 M2 停止，如此反复动作 3 次，M1 和 M2 均停止。

16. 设计一个三台皮带运输机传输系统，分别用电动机 M1、M2、M3 带动。控制要求：按下启动按钮，先启动最末一台皮带机 M3，经 5 s 后再依次启动其他皮带机。正常运行时,M3、M2、M1均工作。按下停止按钮时,先停止最前一台皮带机M1,待料送完毕后再依次停止其他皮带机。

(1)写出I/O分配表。

(2)画出梯形图。

17. 设计喷泉电路。控制要求:喷泉有A、B、C三组喷头。启动后,A组先喷5 s,然后B、C同时喷,5 s后B停,再5 s,C停,而A、B又喷,再2 s,C也喷,持续5 s后全部停,再3 s重复上述过程。

18. 设计一个楼梯灯控制装置。控制要求:只用一个按钮控制,当按一次按钮时,楼梯灯亮1 min后自动熄灭;当连续两次按钮时,灯常亮不灭;当按下的时间超过2 s时,灯熄灭。

19. 把货物升降机上升、下降的接触器-继电器控制电路改造为PLC控制系统时,为什么还要保留接触器的硬件互锁?

20. 设计一个先输入优先电路。辅助继电器M200~M203分别表示接收X0~X3的输入信号(若X0有输入,M200线圈接通,依此类推)。电路功能如下:

(1)当未加复位信号时(X4无输入),这个电路仅接收最先输入的信号,而对以后的输入不予接收。

(2)当有复位信号时(X4加一短脉冲信号),该电路复位,可重新接收新的输入信号。

21. 编程实现"通电"和"断电"均延时的继电器功能。控制要求:若X0由断变通,延时10 s后Y1得电,若X0由通变断,延时5 s后Y1断电。

22. 按一下启动按钮,灯亮10 s,暗5 s,重复3次后停止工作。试设计梯形图。

23. 某抢答比赛,儿童两人参赛且其中任一人按钮可抢答,学生一人一队。教授两人参加比赛且两人同时按钮才能抢答。主持人宣布开始后方可按抢答按钮。主持人台设复位按钮,抢答及违例由各分台灯指示。有人抢答时有幸运彩球转动,违例时有警报声提醒。

24. 设计一个汽车库自动门控制系统。控制要求:当汽车到达车库门前,超声波开关接收到车来的信号,开门上升,当升到顶点碰到上限开关,门停止上升;当汽车驶入车库后,光电开关发出信号,门电动机反转,门下降,当下降碰到下限开关后门电动机停止。试画出输入输出设备与PLC的接线图,设计出梯形图,编制程序并加以调试。

单元 3 步进顺序控制指令及其应用

学习目标

* 掌握步进顺序控制指令
* 掌握顺序功能图的绘制步骤
* 掌握顺序功能图转换为梯形图的方法和步骤

任务 3.1　物料运送控制

技能点

- 熟练掌握 SFC 流程图的绘制
- 熟练掌握用步进顺序控制指令构建梯形图的方法
- 能分析控制要求进行编程，按规范连接外部电路，并按规程调试控制电路

3.1.1　任务描述

如图 3-1 所示为一物料小车运送控制过程。小车原位于后退终端，当小车压下后限位开关 SQ2 时，按下启动按钮 SB，小车前进，当运行至料斗下方时，前进限位开关 SQ2 被压下，此时打开料斗给小车加料，延时 8 s 关闭料斗，小车后退返回；当后退限位开关 SQ2 被压下时，打开小车底门卸料，6 s 后结束，完成一次动作。如此循环下去，请用状态编程思想设计其状态转移图。

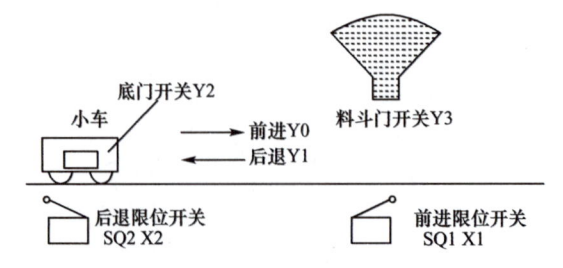

图 3-1　物料小车运送控制过程示意图

3.1.2 相关知识

1. 顺序控制概述

顺序控制就是按照生产工艺预先规定的顺序,在各个输入信号的作用下,根据内部状态和时间顺序,在各个执行机构中自动而有序地工作。使用顺序控制设计法时,首先根据系统的工艺过程画出顺序功能图,然后根据顺序功能图画出梯形图。

顺序控制设计法是一种先进的设计方法,很容易被初学者接受,程序的阅读、调试和修改也很容易,并且大大缩短了设计周期,提高了设计效率。

三菱的小型 PLC 在基本逻辑指令之外增加了两条简单的步进顺序控制指令,同时辅之以大量状态元件,从而可以用 SFC 语言的状态转移图方式编程。

称为"状态"的软元件是构成状态转移图的基本元素。FX_{2N}共有 1000 个状态元件,其分类、编号、数量及用途见表 3-1。

表 3-1　　　　　　　　　　FX_{2N}的状态元件

类别	元件编号	个数	用途及特点
初始状态	S0~S9	10	用作 SFC 的初始状态
返回状态	S10~S19	10	多运行模式控制中,用作返回原点的状态
一般状态	S20~S499	480	用作 SFC 的中间状态
掉电保持状态	S500~S899	400	具有掉电保持功能,掉电恢复后需继续执行的场合,可用这些状态元件
信号报警状态	S900~S999	100	用作报警元件

注:a 状态元件的编号必须在指定范围内选择。
　　b 各状态元件的触点在 PLC 内部可以自由使用,次数不限。
　　c 在不使用步进顺序控制指令时,状态元件可作为辅助继电器在程序中使用。
　　d 通过参数设置,可改变一般状态元件和掉电保持状态元件的地址分配。

2. 顺序功能图(SFC)的组成

顺序功能图主要由步、转移和动作三大要素组成,如图 3-2 所示。

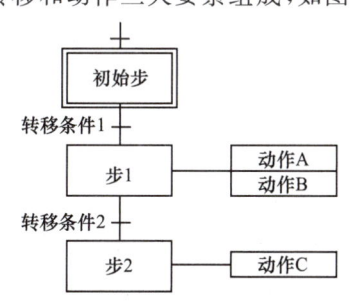

图 3-2　SFC 的组成

小车的循环工作过程分为前进、开料斗门、后退、开小车底门四个工序。每一步用一个矩形方框表示,方框中用文字表示该步的动作内容或用数字表示该步的标号。与控制过程的初始状态相对应的步称为初始步。初始步表示操作的开始,一个系统至少有一个初始步,该步是系统运行的起点,初始步用双线方框表示。每步所驱动的负载(线圈)用线段与方框连接,两个步之间的切换可用一个有向线段表示,方框之间用线段连接,表示工作转移的方向,习惯的方向是从上至下或从左至右,必要时也可以选用其他方向。线段上的短线表示工作转移条件。方框与负载连接的线段上的短线表示驱动负载的联锁条件,当联锁条件得到满足时才能驱动负载,转移实现的第一个条件是不可缺少的,若取消了第一个条件,就不能保证系统按顺序功能图规定的顺序工作。转移条件和联锁条件可以用文字或逻辑符号标注在短线旁边。当相邻两步之间的转移条件得到满足时,转移去执行下一步动作,而上一步动作结束,一个步可以有一个或几个动作,表示的方法是在步的右侧加一个或多个矩形框,并在框中加文字对动作进行说明。这种控制称为步进控制。

3. 步进指令编程

(1)绘制状态转移图

顺序控制若采用步进指令编程,则需根据流程图画出状态转移图。状态转移图是用状态继电器(简称状态)描述的流程图。

状态元件是构成状态转移图的基本元素,是可编程序控制器的元件之一。

状态可提供以下三种功能:

①驱动负载。状态可以驱动 M、Y、T、S 等线圈,可以直接驱动或用置位 SET 指令驱动,也可以通过触点联锁条件驱动。例如,当状态 S20 置位后,它可以直接驱动 Y0。

②指定转移的目的地。状态转移的目的地由连接状态之间的线段指定,线段所指向的状态即指定转移的目的地。

③给出转移条件。状态转移的条件用连接两状态之间的线段上的短线表示。当转移条件满足时,转移的状态被置位,而转移前的状态自动复位。

在使用状态时还需要说明以下问题:

①状态的置位要用 SET 指令,这时状态才具有步进功能。它除了提供步进触点外,还提供一般的触点。步进触点(STL 触点)只有动合触点,一般触点有动合触点和动断触点。当状态被置位时,其 STL 触点闭合,驱动负载。

②用状态驱动的 M、Y 若要在状态转移后继续保持接通,则需用 SET 指令。当需要复位时,用 RST 指令。

③只要在不相邻的步进段内,就可重复使用同一编号的计时器。这样,在一般的步进控制中只需使用 2~3 个计时器就够了,可以节省很多计时器。

④状态也可以作为一般中间继电器使用,其功能与 M 一样,但作为一般中间继电器使用时就不能再提供 STL 触点了。

(2)设计步进梯形图

每个状态都提供一个 STL 触点,当状态置位时,其步进触点接通。用步进触点连接负载的梯形图称为步进梯形图,它可以根据状态转移图来绘制。

①状态必须用 SET 指令置位才具有步进控制功能,这时状态才能提供 STL 触点。

②状态转移图除了并联分支与连接的结构以外,STL 触点基本上都是与母线相连的,通过 STL 触点直接驱动线圈,或通过其他触点来驱动线圈。线圈的通断由 STL 触点的通断状态来决定。

③M8002 为特殊辅助继电器的触点,它可以提供开机初始脉冲。

④在步进程序结束时要用 RET 指令使后面的程序返回主母线。

(3)编制语句表

FX$_{2N}$ 系列 PLC 的步进指令有两条:步进触点指令 STL 和步进返回指令 RET。

STL:步进触点指令,用于激活某个状态。在梯形图上体现为从母线上引出的状态触点。STL 指令有建立子母线的功能,以使该状态的所有操作均在子母线上进行。步进触点指令在梯形图中的情况如图 3-3 所示。

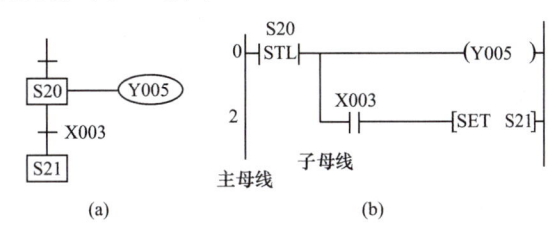

图 3-3 步进触点指令 STL 的符号及含义

RET:步进返回指令,用于返回主母线。使步进顺控程序执行完毕时,非状态程序的操作在主母线上完成,防止出现逻辑错误。状态转移程序的结尾必须使用 RET 指令。

由步进梯形图编制语句表的要点是:

①对 STL 触点要用 STL 指令,不能用 LD 指令。不相邻的状态转移用 OUT 指令。

②与 STL 触点直接连接的线圈用 OUT、SET 指令。对于通过触点连接的线圈,应在触点开始处使用 LD、LDI 指令。

(4)顺序功能图和步进梯形图之间的转换

使用步进触点指令 STL 和步进返回指令 RET 可以将顺序功能图转换为步进梯形图,对应关系如图 3-4 所示。

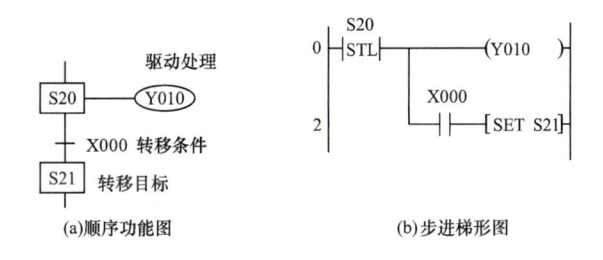

图 3-4 顺序功能图与步进梯形图的对应关系

将顺序功能图转化为步进梯形图时,编程顺序为先进行负载的驱动处理,然后进行转移处理。当然没有负载时不必进行负载驱动处理。对应于某步的状态 S 在梯形图中用 STL 的"胖"触点表示,STL 指令为与主母线连接的常开触点指令,接着就可以在子母线里直接或通过触点驱动各种线圈(Y、M、S、T、C 等线圈)及直接驱动应用指令。通常用单触点作为转移条件,但在实际应用中,X、Y、M、S、T、C 等软元件触点的逻辑组合(复杂的串联、并联)也可作为转移条件;转移目标用 SET 指令或 OUT 指令实现。将梯形图转换为指令表时,凡是"胖"触点都使用 STL 指令,从子母线开始的触点使用 LD、LDI 指令,返回主母线的触点使用 RET 指令。

4. 物料运送控制分析

为了使小车能够按照工艺要求顺序自动循环各个生产步骤,我们将小车的各个工作步骤按照工作顺序连接成图 3-5 所示的流程图,将图中的"工序"更换为"状态",就得到了状态转移图,如图 3-6 所示。

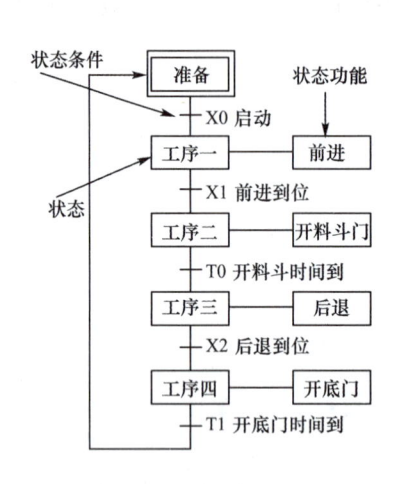

图 3-5　工序流程图　　　　　　图 3-6　状态转移图

状态编程的一般思想为:

(1) 将一个复杂的控制过程分解为若干个工作状态。

(2) 弄清各状态的工作细节、状态功能、转移条件和转移方向。

(3) 再依总的控制顺序要求,将这些状态联系起来,形成状态转移图。

(4) 编制梯形图程序。

如图 3-6 所示,小车顺序运动控制中,S0 表示初始状态,S20~S23 分别代表工序一~工序四的状态,其顺序控制过程如下:

(1) PLC 运行时,M8002 脉冲信号驱动初始状态 S0。

(2) 当启动按钮 X000 接通,工作状态从 S0 转移到 S20。

(3) 状态 S20 驱动后,输出 Y000 接通,小车向前运动,直至前进限位(X001=ON),工作状态从 S20 转移到 S21。

(4) 状态 S21 驱动后,输出 Y003 接通,料斗门打开,同时定时器 T0 接通,8 s 后,定时器 T0 触点接通,工作状态从 S21 转移到 S22。

(5) 状态 S22 驱动后,输出 Y001 接通,小车向后运动,直至后退限位(X002=ON),工作状态从 S22 转移到 S23。

(6) 状态 S23 驱动后,输出 Y002 接通,小车底门打开,同时定时器 T1 接通,6 s 后,定时器 T1 触点接通。此时,如果小车运行工作方式处于单循环方式,工作状态从 S23 转移到 S0,小车回到初始状态,等待启动按钮重新按下,开始第二次循环。

3.1.3 任务实施

1. 输入点、输出点的分配

输入点、输出点的分配见表 3-2。

表 3-2　　　　　　　　　　输入点、输出点的分配 1

输入点		输出点	
名称	输入点编号	名称	输出点编号
启动按钮 SB	X0	前进	Y0
前进限位开关 SQ1	X1	后退	Y1
后退限位开关 SQ2	X2	底门开关	Y2
		料斗门开关	Y3

2. PLC 端子接线

按照图 3-7 所示，完成 PLC 的接线。输入点类型采用常开点。

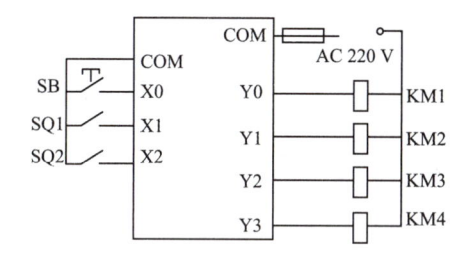

图 3-7　物料小车运送控制 PLC 端子接线

3. 程序设计及调试

如图 3-8 所示梯形图，按下 SB，输入继电器 X000 的常开触点闭合，输出继电器 Y000 得电有输出，与 Y000 端子相连的接触器 KM1 得电，小车前进。碰到 SQ1 限位开关，输入继电器 X001 的常闭触点断开，输出继电器 Y000 断电无输出，则接触器 KM1 断电，停止前进。同时，X001 的常开触点闭合，激活 S21 状态，S20 状态复位，Y003 得电输出，运料小车打开料斗门。定时器 T0 定时 8 s 后激活 S22 状态，S21 状态复位，Y003 断电，料斗门关闭，Y001 得电输出，小车后退。碰到 SQ2 限位开关，输入继电器 X002 的常闭触点断开，Y001 断电，小车停止后退。同时 X002 的常开触点闭合，激活 S23 状态，S22 状态复位，Y002 得电输出，小车打开底门。定时器 T1 定时 6 s 后激活 S0 状态，S23 状态复位，Y002 断电，小车底门关闭。一个循环过程结束。

将图 3-8 所示的梯形图输入计算机并传入 PLC，按照图 3-7 接线，运行并观察其现象。

想一想？

如何实现物料小车运送控制的自动循环？

4. 任务考核

(1) 按照任务要求完成 I/O 分配表。

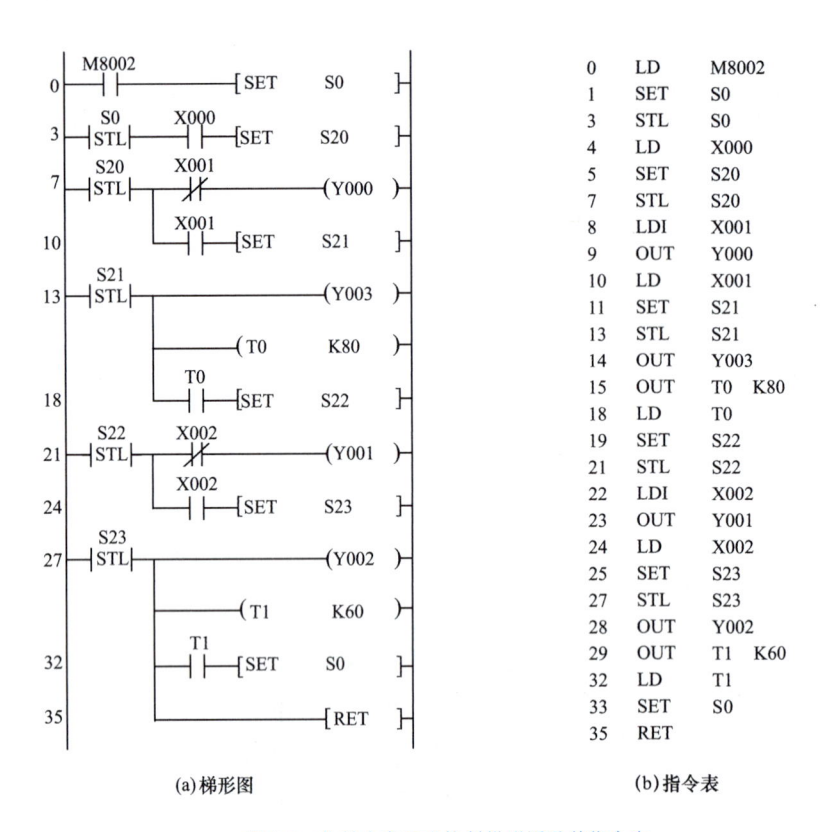

梯形图	指令表
| ```
    M8002
0 ──┤├──────────[SET  S0]
    S0    X000
3 ──┤STL├──┤├──[SET  S20]
    S20   X001
7 ──┤STL├──┤/├────(Y000)
          X001
10        ──┤├──[SET  S21]
    S21
13 ─┤STL├──────────(Y003)
                ──(T0  K80)
          T0
18        ──┤├──[SET  S22]
    S22   X002
21 ─┤STL├──┤/├────(Y001)
          X002
24        ──┤├──[SET  S23]
    S23
27 ─┤STL├──────────(Y002)
                ──(T1  K60)
          T1
32        ──┤├──[SET  S0]
35                  [RET]
``` | ```
0   LD    M8002
1   SET   S0
3   STL   S0
4   LD    X000
5   SET   S20
7   STL   S20
8   LDI   X001
9   OUT   Y000
10  LD    X001
11  SET   S21
13  STL   S21
14  OUT   Y003
15  OUT   T0   K80
18  LD    T0
19  SET   S22
21  STL   S22
22  LDI   X002
23  OUT   Y001
24  LD    X002
25  SET   S23
27  STL   S23
28  OUT   Y002
29  OUT   T1   K60
32  LD    T1
33  SET   S0
35  RET
``` |
| (a) 梯形图 | (b) 指令表 |

图 3-8 物料小车运送控制梯形图及其指令表

(2) 按照任务要求编制程序。

(3) 设计 PLC 接线电路并完成接线。

(4) 输入程序进行调试。

考核要求及评分标准见表 3-3。

操作者自行接好线,检查无误后再通电运行。

表 3-3　　　　　　　　　　考核要求及评分标准 1

序号	项目	配分	评分标准	得分
1	I/O 分配表	10	每错一处扣 2 分	
2	PLC 接线图	10	每错一处扣 2 分	
3	梯形图	20	每错一处扣 2 分	
4	指令表	10	每错一处扣 2 分	
5	程序输入	25	1. 操作不熟练,不会使用删除、插入、修改、监控方法扣 5～20 分 2. 不会利用按钮开关模拟调试扣 5～20 分	
6	运行	15	调试 Y0～Y3 输出情况,每一个不符合要求扣 4 分	
7	安全文明操作	10	违反操作规程扣 2～10 分,发生严重安全事故扣 10 分	
开始时间:			结束时间:	

任务 3.2　液体混合控制

技能点
- ◆ 掌握用顺序控制设计法的单序列结构的编程方法
- ◆ 掌握液体混合装置控制的程序设计

3.2.1　任务描述

多种液体混合是自动化生产线上常见的一个环节,如饮料的生产、酒厂的配液、农药厂的配比等。两种液体混合装置:两种液体分别由加液体电磁阀 YV1、YV2 和放液体电磁阀 YV3 控制;三个液位传感器 SL1、SL2、SL3 分别检测第一种液体体积、第二种液体体积和最低液位,当液面淹没液位传感器时接通;两种液体的混合由电动机 M 拖动搅匀。液体混合装置结构示意图如图 3-9 所示。

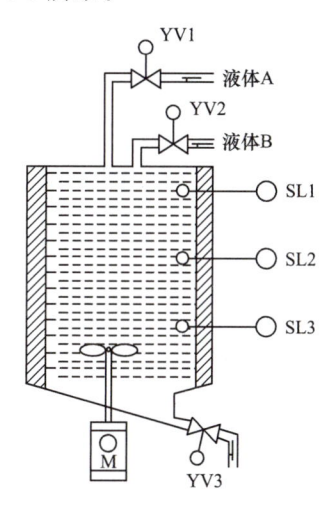

图 3-9　液体混合装置结构示意图

(1)初始状态

当装置投入运行时,液体 A、液体 B 的阀门关闭(YV1＝YV2＝OFF),放液体阀门(YV3)打开 20 s 将容器放空后关闭。

(2)启动操作

按下启动按钮 SB1,液体混合装置开始按下列给定规律操作:

①YV1＝ON,液体 A 流入容器,液面上升;当液面达到 SL2 处时,SL2＝ON,使 YV1＝OFF,YV2＝ON,即关闭液体 A 的阀门,打开液体 B 的阀门,停止液体 A 流入,液体 B 开始流入,液面上升。

②当液面达到 SL1 处时,SL1＝ON,使 YV2＝OFF,电动机 M＝ON,即关闭液体 B 的阀门,液体停止流入,开始搅拌。

③电动机工作 1 min 后,停止搅拌(M＝OFF),放液体阀门打开(YV3＝ON),开始放

液,液面开始下降。

④当液面下降到 SL3 处时,SL3 由 ON 变为 OFF,再过 20 s,容器放空,使放液阀门 YV3 关闭,开始下一个循环。

3.2.2 相关知识

根据生产工艺和系统复杂程度的不同,SFC 的基本结构可分为单序列、选择序列、并行序列、循环序列和复合序列 5 种。

所谓单流程是指状态转移只有一种顺序,从头到尾只有一条路可走。它是状态转移图的基本形式,其结构形式如图 3-10 所示。

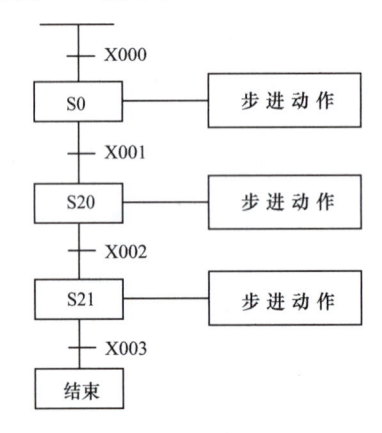

图 3-10 单流程结构

单流程结构编程的方法有三种:启-保-停电路、以转换为中心、STL 指令。

"启-保-停"的编程方法如下:

(1)步的处理

用辅助继电器 M 来代表步,当它为活动步时,对应的辅助继电器为 ON,转换条件实现时,该转换的后续步变为活动步,前级步为不活动步。由于很多转换条件都是短信号,即它存在的时间比它激活后续步为活动步的时间短,因此,应使用有记忆(或称保持)功能的电路(如"启-保-停"电路和置位/复位组成的电路)来控制代表步的辅助继电器。

如图 3-11(a)所示的步 $Mi-1$、Mi、$Mi+1$ 是顺序功能图中相连的 3 步,Xi 是步 Mi 之前的转换条件。设计"启-保-停"电路的关键是找出它的启动条件和停止条件。转换实现的条件是它的前级步为活动步,并且满足相应的转换条件,所以步 Mi 变为活动步的条件是它的前级步 $Mi-1$ 为活动步,且转换条件 $Xi=1$。在"启-保-停"电路中,应将前级步 $Mi-1$ 和转换条件 Xi 对应的常开触点串联,作为控制 Mi 的"启动"电路。

当 Mi 和 $Xi+1$ 均为 ON 时,步 $Mi+1$ 变为活动步,这时步 Mi 应变为不活动步,因此,可以将 $Mi+1=1$ 作为使辅助继电器 Mi 变为 OFF 的条件,即将后续步 $Mi+1$ 的常闭触点与 Mi 的线圈串联,作为"启-保-停"电路的停止电路。如图 3-11(b)所示梯形图可以用逻辑代数式表示为:

$$Mi=[(Mi-1) \cdot Xi+\overline{Mi}] \cdot (Mi+1)$$

(a)顺序功能图　　　　　　　　　　　(b)梯形图

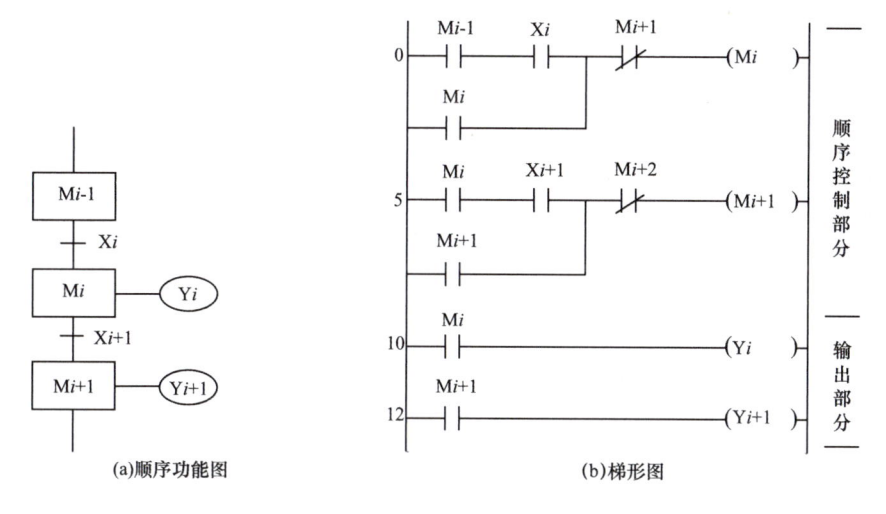

图 3-11　"启-保-停"编程方法

图 3-11 中所示的常闭触点 Mi+1 也可以用 Xi+1 的常闭触点来代替。但是,当转换条件由多个信号经"与、或、非"逻辑运算组合而成时,应将它的逻辑表达式求反,再将对应的触点串并联电路作为"启-保-停"电路的停止电路。但这样不如使用后续步的常闭触点简单方便。

采用"启-保-停"电路编程方法进行编程时,相应的步成为活动步和成为非活动步的条件在一个梯级中实现。该步相应的命令或动作则安排在该梯级之后,或安排在输出段。

(2)输出电路

由于步是根据输出量的状态变化划分的,它们之间的关系极为简单,可以分为两种情况来处理:

①如果某一输出量仅在某一步中为 ON,一种方法是将它们的线圈分别与对应的辅助继电器的常开触点串联,另一种方法是将它们的线圈分别与对应步的辅助继电器的线圈并联。

有些人会认为,既然如此,不如用这些输出继电器来代替该步。这样做可以节省一些编程元件,但是辅助继电器是完全够用的,多用一些不会增加硬件费用,在设计和输入程序时也不会花费很多时间。全部用辅助继电器来代表步具有概念清楚、编程规范、梯形图易于阅读和查错的优点。

②如果某一输出继电器在几步中都为 ON,应将代表各有关步的辅助继电器的常开触点并联后,驱动该输出继电器的线圈。

3.2.3　任务实施

1. 输入点、输出点的分配

输入点、输出点的分配见表 3-4。

表 3-4　　　　　　　　　　　输入点、输出点的分配 2

输入点		输出点	
名称	输入点编号	名称	输出点编号
启动按钮 SB1	X0	电动机 M0	Y0
停止按钮 SB2	X1	电磁阀 YV1	Y1
低液位传感器 SL3	X2	电磁阀 YV2	Y2
中液位传感器 SL2	X3	电磁阀 YV3	Y3
高液位传感器 SL1	X4		

2. PLC 端子接线

如图 3-12 所示,完成 PLC 的接线。输入点类型采用常开点。

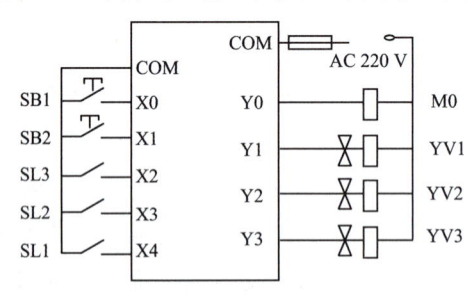

图 3-12　液体混合 PLC 端子接线

3. 程序设计及调试

梯形图如图 3-13 所示。

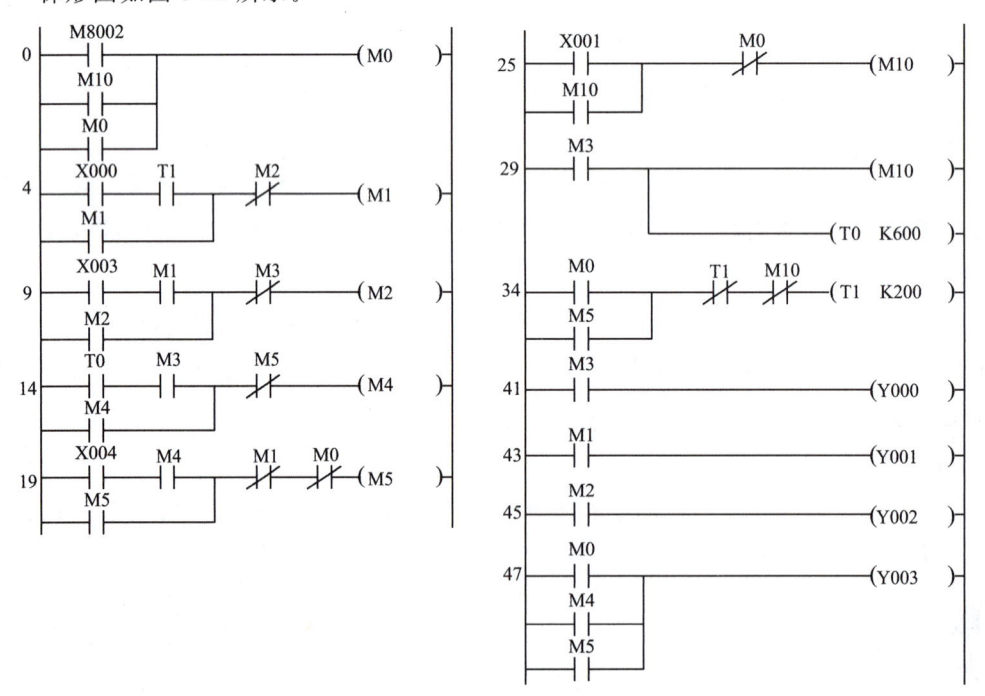

图 3-13　液体混合"启-保-停"梯形图

将梯形图 3-13 输入计算机并传入 PLC,按照图 3-12 接线,运行并观察其现象。

想一想？

如何用 STL 指令实现液体混合装置的控制系统的编程？

4. 任务考核

（1）按照任务要求完成 I/O 分配表。

（2）按照任务要求编制程序。

（3）设计 PLC 接线电路并完成接线。

（4）输入程序进行调试。

考核要求及评分标准见表 3-5。

操作者自行接好线，检查无误后再通电运行。

表 3-5　　　　　　　　　　　考核要求及评分标准 2

序号	项目	配分	评分标准	得分
1	I/O 分配表	10	每错一处扣 2 分	
2	PLC 接线图	10	每错一处扣 2 分	
3	梯形图	20	每错一处扣 2 分	
4	指令表	10	每错一处扣 2 分	
5	程序输入	25	1. 操作不熟练，不会使用删除、插入、修改、监控方法扣 5~20 分 2. 不会利用按钮开关模拟调试扣 5~20 分	
6	运行	15	调试 Y0~Y3 输出情况，每一个不符合要求扣 4 分	
7	安全文明操作	10	违反操作规程扣 2~10 分，发生严重安全事故扣 10 分	
开始时间：			结束时间：	

任务 3.3　自动门控制

技能点

◆ 掌握用顺序控制设计法的选择序列结构的编程方法

◆ 掌握自动门系统控制的程序设计

3.3.1　任务描述

1. 自动门控制装置的硬件组成

自动门控制装置由开门减速开关 K1、门外光电探测开关 K2、开门到位限位开关 K3、关门减速开关 K4、关门到位限位开关 K5、高速开门执行机构 KM1（使直流电动机正转）、高速关门执行机构 KM2（使直流电动机反转）、低速开门执行机构 KM3、低速关门执行机构 KM4 等部件组成。检测到人或物体时光电探测开关为 ON，否则为 OFF，如图 3-14 所示。

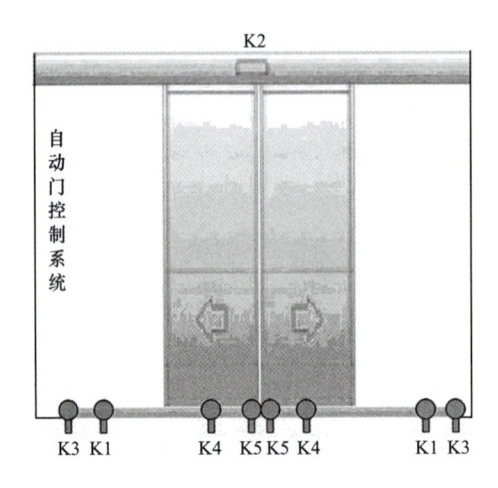

图 3-14　自动门控制系统示意图

2. 控制要求

自动门控制系统的动作如下:人靠近自动门时,感应器 K2 为 ON,KM1 驱动电动机高速开门,碰到开门减速开关 K1 时,变为低速开门。碰到开门到位限位开关 K3 时电动机停转,开始延时。若在 0.5 s 内感应器检测到无人,KM2 启动电动机高速关门。碰到关门减速开关 K4 时,改为低速关门,碰到关门到位限位开关 K5 时电动机停转。在关门期间若感应器检测到有人,停止关门,T1 延时 0.5 s 后自动转换为高速开门。

3.3.2　相关知识

1. 选择性分支状态转移图的特点

从多个流程顺序中选择执行一个流程,称为选择性分支。如图 3-15 所示为一个选择性分支的状态转移图。

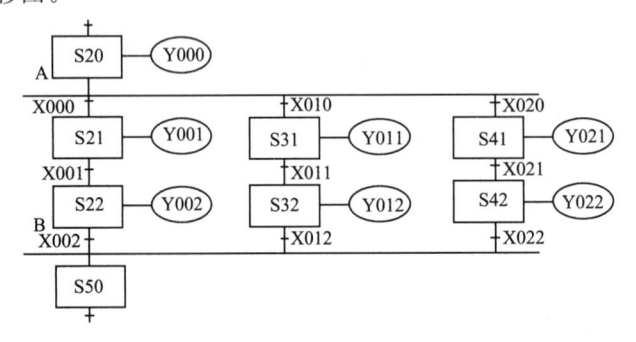

图 3-15　选择性分支状态转移图

(1)该状态转移图有三个流程图,如图 3-16(a)、图 3-16(b)、图 3-16(c)所示。

(2)S20 为分支状态。

根据不同的条件(X000,X010,X020),选择执行其中一个条件满足的流程。

X000 为 ON 时执行图 3-16(a),X010 为 ON 时执行图 3-16(b),X020 为 ON 时执行图 3-16(c)。X000、X010、X020 不能同时为 ON。

(3) S50 为汇合状态，可由 S22、S32、S42 任一状态驱动。

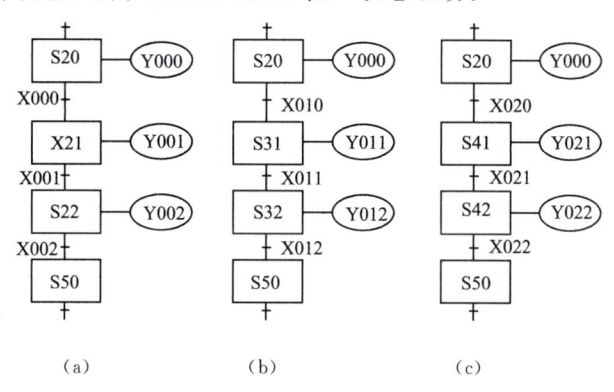

```
      ┬                    ┬                    ┬
    ┌────┐              ┌────┐              ┌────┐
    │S20 │──(Y000)      │S20 │──(Y000)      │S20 │──(Y000)
    └────┘              └────┘              └────┘
   X000┤               X010┤               X020┤
    ┌────┐              ┌────┐              ┌────┐
    │X21 │──(Y001)      │S31 │──(Y011)      │S41 │──(Y021)
    └────┘              └────┘              └────┘
   X001┤               X011┤               X021┤
    ┌────┐              ┌────┐              ┌────┐
    │S22 │──(Y002)      │S32 │──(Y012)      │S42 │──(Y022)
    └────┘              └────┘              └────┘
   X002┤               X012┤               X022┤
    ┌────┐              ┌────┐              ┌────┐
    │S50 │              │S50 │              │S50 │
    └────┘              └────┘              └────┘

       (a)                 (b)                 (c)
```

图 3-16 选择性分支流程分解图

2. 选择性分支、汇合的编程

编程原则是先集中处理分支状态，然后再集中处理汇合状态。

(1) 分支状态的编程

编程方法是先进行分支状态的驱动处理，再依顺序进行转移处理。

图 3-15 中 S20 的分支状态如图 3-17 所示。

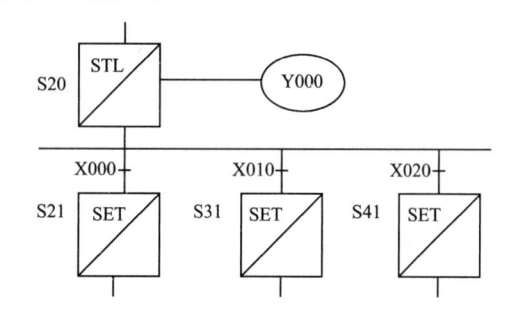

图 3-17 S20 的分支状态

按分支状态的编程方法，首先对 S20 进行驱动处理(OUT Y0)，然后按 S21、S31、S41 的顺序进行转移处理。程序如下：

STL	S20	LD	X010
OUT	Y000 驱动处理	SET	S31 转移到第二分支状态
LD	X000	LD	X020
SET	S21 转移到第一分支状态	SET	S41 转移到第三分支状态

(2) 汇合状态的编程

编程方法是先进行汇合前状态的驱动处理，再依顺序进行向汇合状态的转移处理。

图 3-15 中的汇合状态及汇合前状态如图 3-18 所示。

按照汇合状态的编程方法，依次将 S21、S31、S32、S41、S42 的输出进行处理，然后按顺序进行从 S22(第一分支)、S32(第二分支)、S42(第三分支)向 S50 的转移。

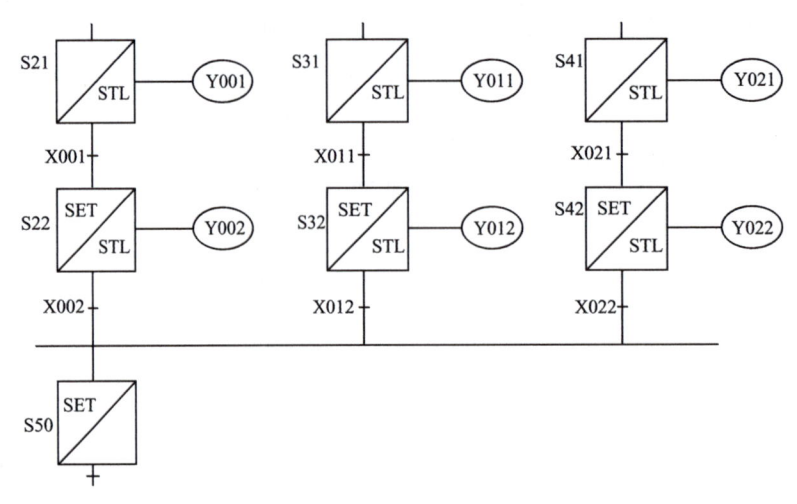

图 3-18 S50 的汇合状态

分支后、汇合时的程序如下：

STL	S21	第一分支汇合前的驱动处理	LD	X021		
OUT	Y001		SET	S42		
LD	X001		STL	S42		
SET	S22		OUT	Y022		
STL	S22		STL	S22	汇合前的驱动处理	
OUT	Y002		LD	X002		
STL	S31	第二分支汇合前的驱动处理	SET	S50	由第一分支转移到汇合点
OUT	Y011		STL	S32		
LD	X011		LD	X012		
SET	S32		SET	S50	由第二分支转移到汇合点
STL	S32		STL	S42		
OUT	Y012		LD	X022		
STL	S41	第三分支汇合前的驱动处理	SET	S50	由第三分支转移到汇合点
OUT	Y021					

3.3.3 任务实施

1. 输入点、输出点的分配

输入点、输出点的分配见表 3-6。

表 3-6　　　　　　　　　　输入点、输出点的分配 3

输入点		输出点	
名称	输入点编号	名称	输出点编号
开门减速开关 K1	X1	高速开门 KM1	Y0
门外光电探测开关 K2	X0	高速关门 KM2	Y1
开门到位限位开关 K3	X2	低速开门 KM3	Y2
关门减速开关 K4	X4	低速关门 KM4	Y3
关门到位限位开关 K5	X5		

2. PLC 端子接线

如图 3-19 所示,完成 PLC 的接线。输入点类型采用常开点。

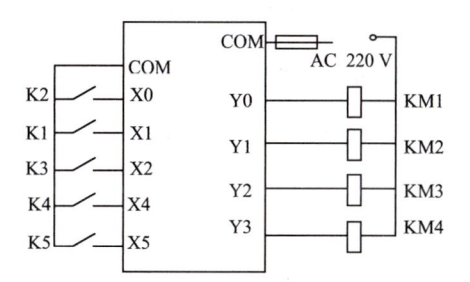

图 3-19　自动门 PLC 端子接线

3. 程序设计及调试

如图 3-20 所示为自动门顺序控制功能图及梯形图。

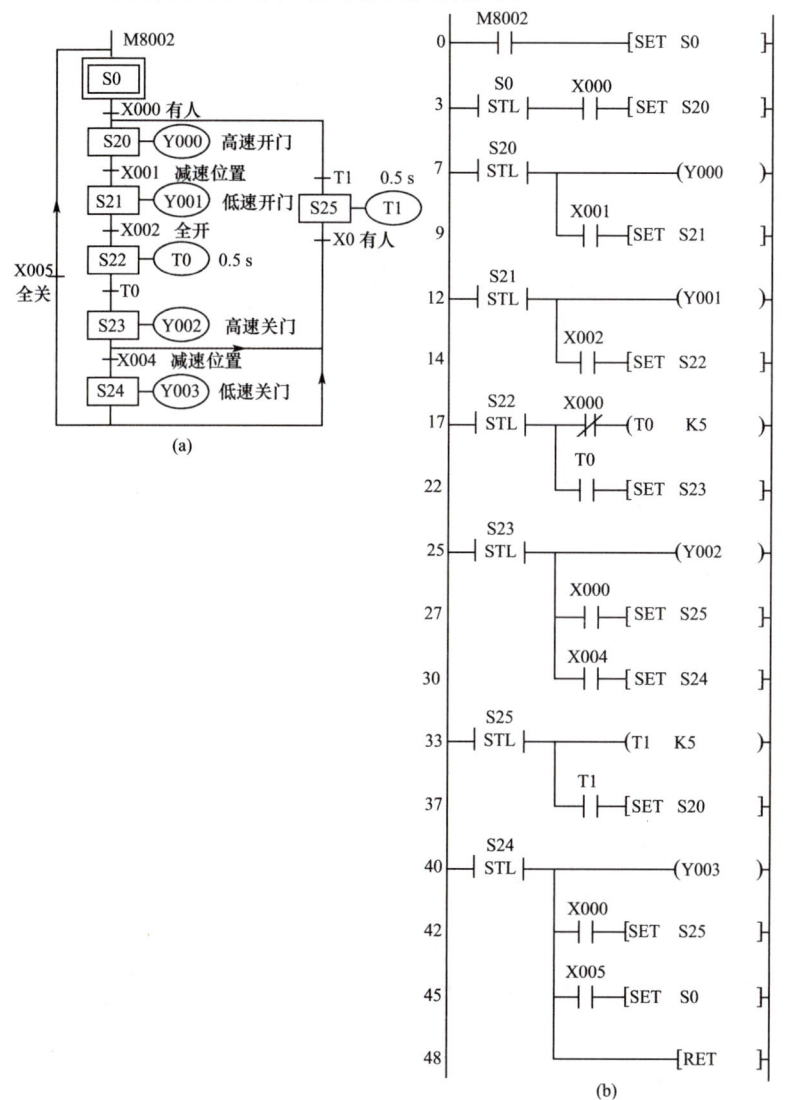

图 3-20　自动门顺序控制功能图及梯形图

将图 3-23 中的梯形图输入计算机并传入 PLC，按照图 3-19 接线，运行并观察其现象。

4. 任务考核

（1）按照任务要求完成 I/O 分配表。

（2）按照任务要求编制程序。

（3）设计 PLC 接线电路并完成接线。

（4）输入程序进行调试。

考核要求及评分标准见表 3-7。

操作者自行接好线，检查无误后再通电运行。

表 3-7　　　　　　　　　　　考核要求及评分标准 3

序号	项目	配分	评分标准	得分
1	I/O 分配表	5	每错一处扣 2 分	
2	PLC 接线图	5	每错一处扣 2 分	
3	梯形图	15	每错一处扣 2 分	
4	指令表	10	每错一处扣 2 分	
5	程序输入	25	1. 操作不熟练，不会使用删除、插入、修改、监控方法扣 5～20 分 2. 不会利用按钮开关模拟调试扣 5～20 分	
6	运行	30	1. 调试 Y0～Y3 输出情况，每一个不符合要求扣 4 分 2. 三种程序，一种调试不成功扣 10 分	
7	安全文明操作	10	违反操作规程扣 2～10 分，发生严重安全事故扣 10 分	
开始时间：			结束时间：	

任务 3.4　带式输送系统控制

技能点

◆ 熟练用"以转换为中心"的步进梯形图的编程方法

◆ 掌握带式输送系统控制的程序设计

3.4.1　任务描述

带式输送机示意图如图 3-21 所示：料斗中的原料经过 A、B 两台带式输送机送出，由电磁阀 YV1 控制料斗向 A 供料，输送带分别由电动机 M1 和 M2 控制。控制要求如下：

（1）初始状态：料斗、输送带 A 和输送带 B 全部处于关闭状态。

（2）启动操作：启动时，为避免在前段输送带上造成物料堆积，要求逆物料输送方向按一定的时间间隔顺序启动，其操作顺序如下：输送带 B→延时 5 s→输送带 A→延时 5 s→料斗。

（3）停止操作：停止时，为了使输送带上不留剩余物料，要求沿物料输送方向按一定的时间间隔顺序停止，其操作顺序如下：料斗→延时 10 s→输送带 A→延时 10 s→输送带 B。

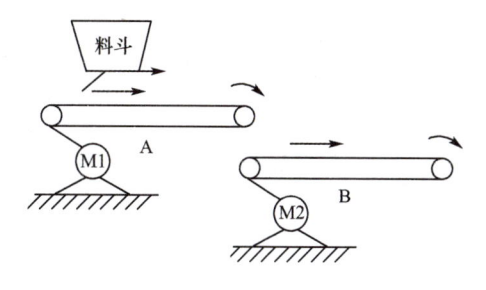

图 3-21 带式输送机示意图

(4)过载停止:在带式输送机的运行过程中,若输送带 A 过载,应把料斗和输送带 A 同时关闭,输送带 B 应在输送带 A 停止后延时 10 s 停止。若输送带 B 过载,应把输送带 A(电动机 M1)、输送带 B(电动机 M2)和料斗 YV1 都关闭。

3.4.2 相关知识

1. 并行性分支状态转移图及其特点

多个流程分支可同时执行的分支流程称为并行性分支,如图 3-22 所示。它同样有三个分支,如图 3-23 所示。

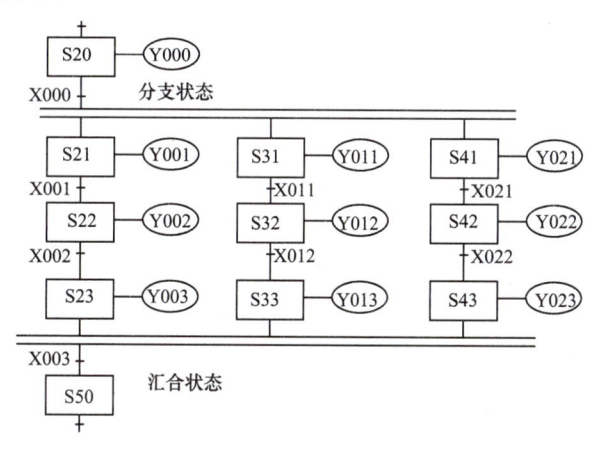

图 3-22 并行性分支流程结构

S20 为分支状态,只不过其分支不是选择性的,也就是说一旦状态 S20 的转移条件 X000 为 ON,三个顺序流程同时执行,所以称之为并行性分支。S50 为汇合状态,等三个分支流程动作全部结束时,一旦 X003 为 ON,S50 就开启。若其中一个分支没有执行完,S50 就不可能开启,所以又叫作排队汇合。

2. 并行性分支状态转移图的编程

编程原则是先集中进行并行性分支的转移处理,然后处理每条分支的内容,最后再集中进行汇合处理。

(1)并行性分支转移处理

编程方法是首先进行驱动处理,然后按顺序进行状态转移处理。以分支状态 S20 为例,如图 3-24 所示。S20 的驱动负载为 Y000,转移方向为 S21、S31、S41。按照并行性分

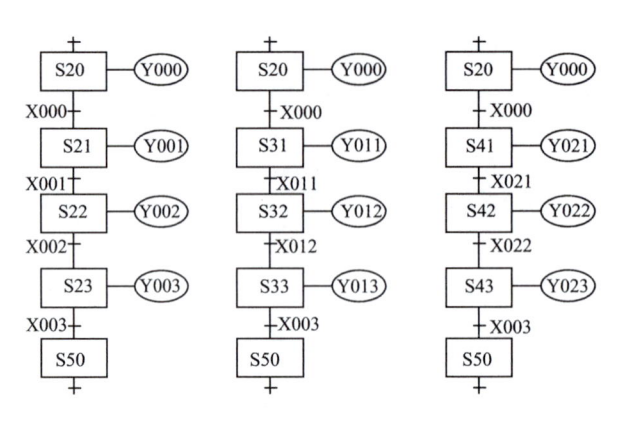

图 3-23　并行性分支流程分解

支编程方法,应先进行 Y000 的输出,然后依次进行到 S21、S31、S41 的转移。程序如下：

STL	S20		SET	S21	向第一分支转移
OUT	Y000 驱动处理		SET	S31	向第二分支转移
LD	X000		SET	S41	向第三分支转移

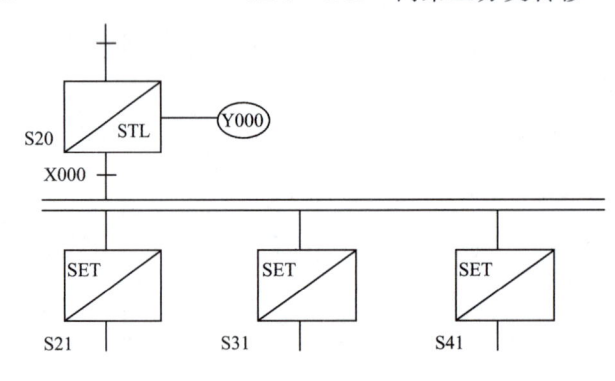

图 3-24　S20 的分支状态

(2)并行性分支汇合处理

编程方法是首先进行汇合前状态的驱动处理,然后按顺序进行汇合状态的转移处理。以汇合状态 S50 为例,如图 3-25 所示。

按照并行汇合的编程方法,应先进行汇合前的输出处理,即按分支顺序对 S21、S22、S23、S31、S32、S33、S41、S42、S43 进行输出处理,然后依次进行从 S23、S33、S43 到 S50 的转移。程序如下：

STL	S21		STL	S23
OUT	Y001		OUT	S31
LD	X001		STL	S31
SET	S22		OUT	Y011
STL	S22		LD	X011
OUT	Y002		SET	S32
LD	X002		STL	S32
SET	S23		OUT	Y012

LD	X012		LD	X022
SET	S33		SET	S43
STL	S33		STL	S43
OUT	Y013		OUT	Y023
STL	S41		STL	S23
OUT	Y021		STL	S33
LD	X021		STL	S43
SET	S42		LD	X003
STL	S42		SET	S50
OUT	Y022			

图 3-25 S50 的汇合状态

(3) 选择性分支、并行性分支汇合编程应注意的问题

① 选择性、并行性分支的程序中,一个状态下最多只能有 8 条分支,一个程序中最多只能有 16 条分支。如图 3-26 所示。

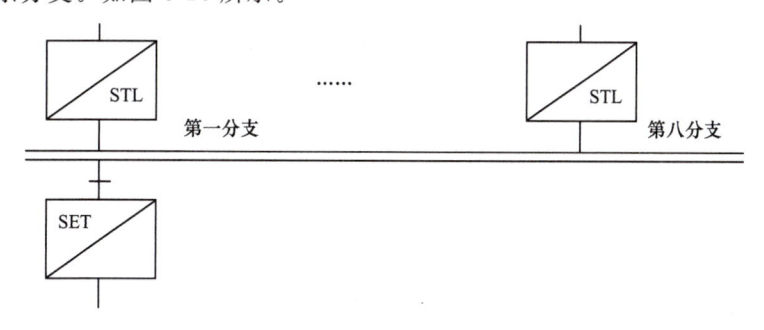

图 3-26 并行性分支的汇合结构

② 并行性分支、汇合状态的转移图中,不允许有图 3-27(a)的转移条件,如有需要,将其转化成图 3-27(b)后方可编程。

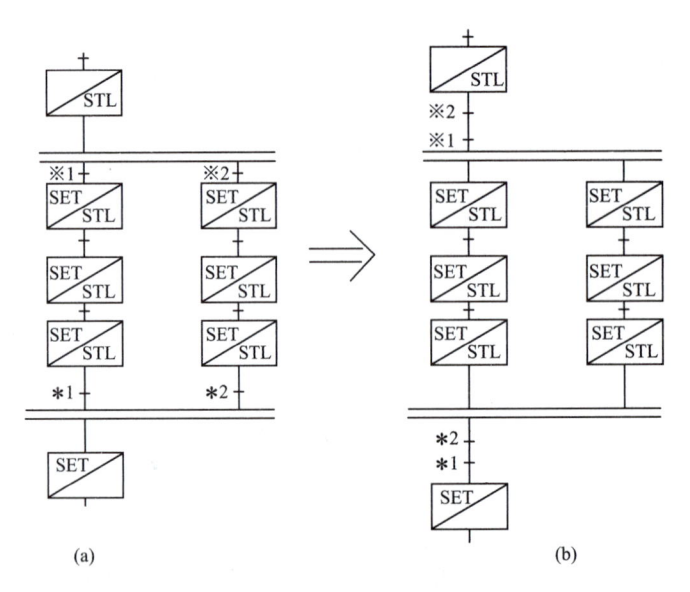

图 3-27　并行性分支、汇合状态转移图的规范

3.4.3 任务实施

1. 输入点、输出点的分配

输入点、输出点的分配见表 3-8。

表 3-8　　　　　输入点、输出点的分配 4

输入点		输出点	
名称	输入点编号	名称	输出点编号
启动按钮 SB1	X0	电磁阀 YV1（料斗控制）	Y0
停止按钮 SB2	X1	KM1 控制电动机 M1	Y1
M1 热继电器 FR1	X3	KM2 控制电动机 M2	Y2
M2 热继电器 FR2	X4		

2. PLC 端子接线

如图 3-28 所示，完成 PLC 的接线。输入点类型采用常开点。

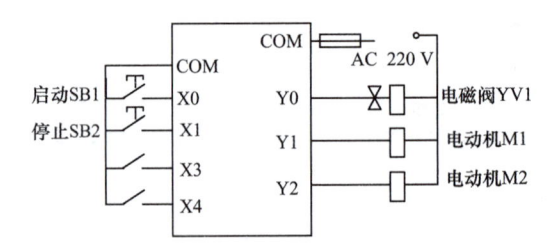

图 3-28　带式输送系统 PLC 端子接线

3. 程序设计及调试

如图 3-29(a)所示为带式输送系统控制流程图，如图 3-29(b)所示为带式输送系统控制梯形图。

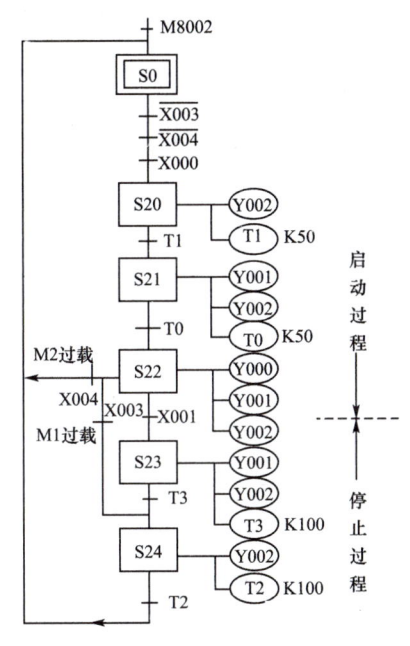

单元 3　步进顺序控制指令及其应用　83

(a) 带式输送系统控制流程图

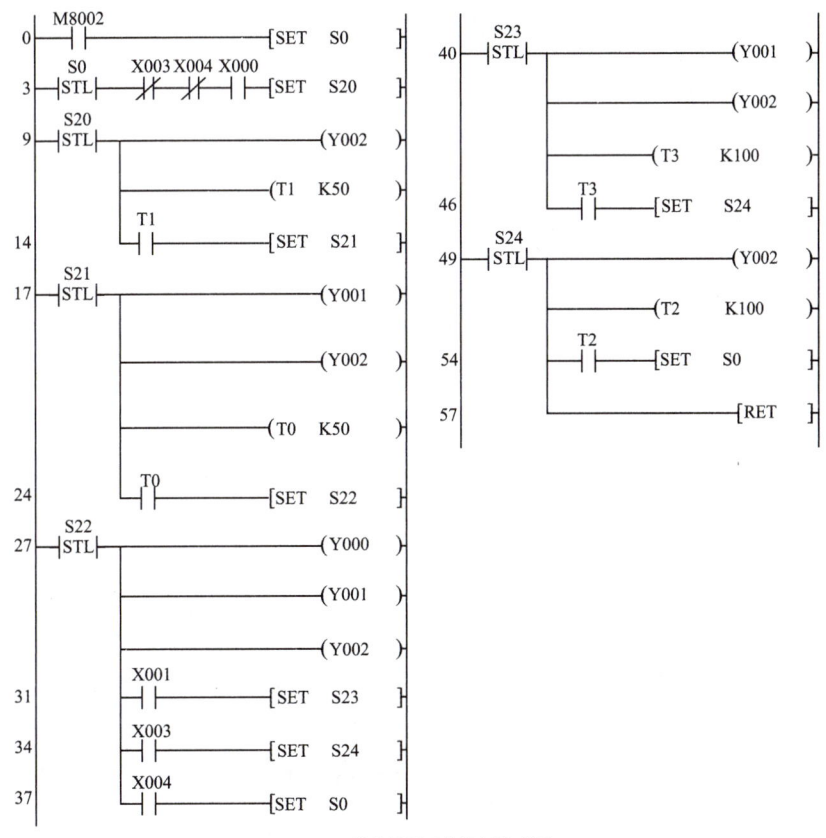

(b) 带式输送系统控制梯形图

图 3-29　带式输送系统控制

将梯形图 3-29(b)输入计算机并传入 PLC,按照图 3-28 接线,运行并观察其现象。

4. 任务考核

(1)按照任务要求完成 I/O 分配表。

(2)按照任务要求编制程序。

(3)设计 PLC 接线电路并完成接线。

(4)输入程序进行调试。

考核要求及评分标准见表 3-9。

操作者自行接好线,检查无误后再通电运行。

表 3-9　　　　　　　　　　　　考核要求及评分标准 4

序号	项目	配分	评分标准	得分
1	I/O 分配表	10	每错一处扣 2 分	
2	PLC 接线图	10	每错一处扣 2 分	
3	梯形图	20	每错一处扣 2 分	
4	指令表	10	每错一处扣 2 分	
5	程序输入	25	1. 操作不熟练,不会使用删除、插入、修改、监控方法扣 5~20 分 2. 不会利用按钮开关模拟调试扣 5~20 分	
6	运行	15	调试运行 3 个输出是否符合控制要求,一个不成功扣 5 分	
7	安全文明操作	10	违反操作规程扣 2~10 分,发生严重安全事故扣 10 分	
开始时间:		结束时间:		

任务 3.5　机械手控制

技能点

◆ 熟练基本逻辑指令和步进顺序控制指令相互配合的编程方法

◆ 熟练多种工作方式的编程

◆ 能分析机械手的运行控制要求并进行编程

3.5.1　任务描述

如图 3-30 所示为具有多种工作方式的顺序控制系统简易机械手的工作示意图。其功能是将工件从 A 处移到 B 处。气动机械手的上升、下降与左移、右移都是由双线圈两位电磁阀驱动气缸来实现的。抓手对工件的松开和夹紧是由一个单线圈两位电磁阀驱动气缸完成,只有在电磁阀通电时抓手才能夹紧。该机械手的工作原点在左上方,按下降、夹紧、上升、右移、下降、松开、上升、左移的顺序依次运动。

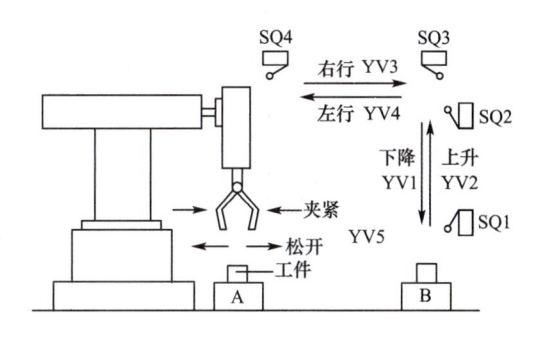

图 3-30 机械手工作示意图

简易机械手的操作面板如图 3-31 所示。工作方式选择开关分五挡,与五种方式对应。上升、下降、左行、右行、松开、夹紧几个步序一目了然。

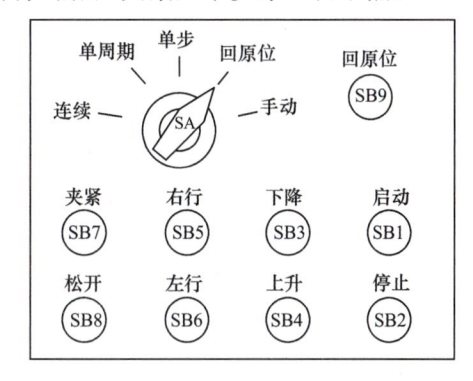

图 3-31 机械手操作面板示意图

下面就操作面板上标明的几种工作方式说明如下:

手动工作方式:指通过各自按钮的按动实现相应的动作。

回原位工作方式:按下此按钮,机械手自动回到原位。

单步运行工作方式:每按动一次启动按钮,前进一个工步。

单周期运行(半自动)工作方式:每按一次启动按钮,机械手自动运行一遍后停止。

连续运行(全自动)工作方式:在原点位置按动启动按钮,连续反复运行。若在中途按动停止按钮,运行到原点后停止。

而在传送工件的过程中,机械手必须升到最高位才能左、右移动,以防止机械手在较低位置运行时碰到其他工件。

3.5.2 相关知识

1. 条件跳转指令

条件跳转指令在梯形图中使用的情况如图 3-32 所示。图中跳转指针 P1、P2 分别对应 CJ P1 及 CL P2 两条跳转指令。

跳转指令执行的意义:在满足跳转条件之后的各个扫描周期中,PLC 将不再扫描执行跳转指令与跳转指针 Pn 间的程序,即跳到以指针 Pn 为入口的程序段中执行。直到跳转的条件不再满足,跳转停止进行。

条件跳转指令用于多种操作状态的转换,也可用于有选择地执行一定的程序段,在工业控制中经常使用。比如,同一套设备在不同的条件下,有两种工作方式,运行两套不同的程序时可使用跳转指令。常见的手动、自动工作状态的转换即这样一种情况。为了提高设备的可靠性以及满足调试的需要,许多设备要建立手动和自动两种工作方式。这就需要在程序中编排两段程序,一段用于手动,一段用于自动。然后设立一个手动/自动转换开关对程序进行选择。图3-32(a)即一段手动、自动程序选择的梯形图。图中输入继电器X010为手动/自动转换开关。当X010置1时,程序跳过手动程序区域,由标号P1执行自动工作方式,当X010置0时则执行手动工作方式。

该段程序的指令表如图3-32(b)所示。

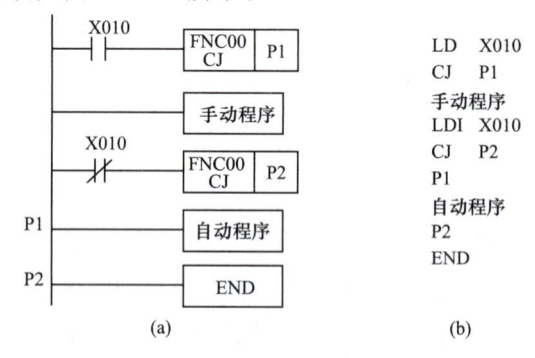

```
LD    X010
CJ    P1
手动程序
LDI   X010
CJ    P2
P1
自动程序
P2
END
```

图3-32 条件跳转指令的使用

2. 成批复位指令

如图3-33所示,指令ZRST(FNC40)是成批复位的应用指令,当X000为ON时,对辅助继电器M11～M18复位。

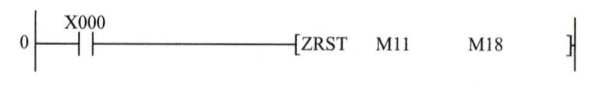

图3-33 成批复位指令的使用

3.5.3 任务实施

1. 输入点、输出点的分配

输入点、输出点的分配见表3-10。

表3-10　　　　　　　　　　　　输入点、输出点的分配5

输入点		输入点	
名称	输入点编号	名称	输入点编号
手动挡 SA	X0	夹紧按钮 SB7	X14
回原位挡 SA	X1	松开按钮 SB8	X15
单步挡 SA	X2	下限位 SQ1	X16
单周期挡 SA	X3	上限位 SQ2	X17
连续挡 SA	X4	右限位 SQ3	X20
回原位按钮 SB9	X5	左限位 SQ4	X21

(续表)

输入点		输入点	
名称	输入点编号	名称	输入点编号
启动按钮 SB1	X6	下降电磁阀 YV1	Y0
停止按钮 SB2	X7	上升电磁阀 YV2	Y1
下降按钮 SB3	X10	右行电磁阀 YV3	Y2
上升按钮 SB4	X11	左行电磁阀 YV4	Y3
右行按钮 SB5	X12	松紧电磁阀 YV5	Y4
左行按钮 SB6	X13		

2. PLC 端子接线

如图 3-34 所示，完成 PLC 的接线。输入点类型采用常开点。

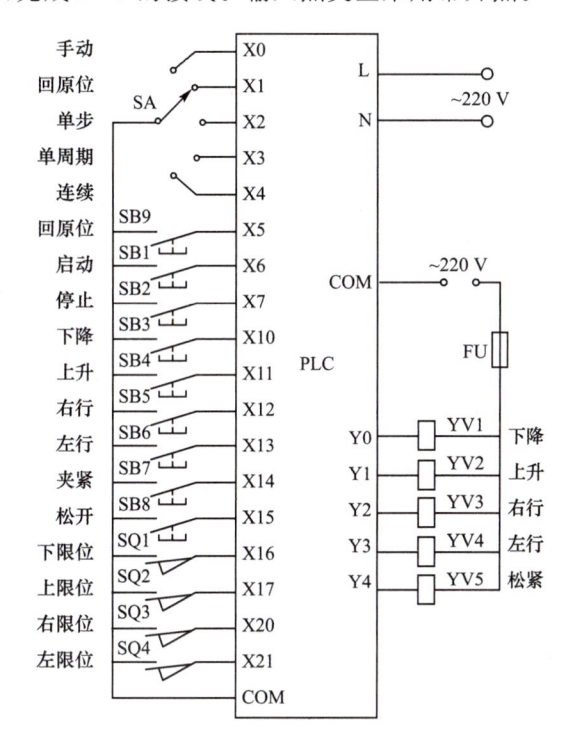

图 3-34　PLC 端子接线

3. 程序设计及调试

机械手系统的程序总体结构如图 3-35 所示，分为公用程序、自动程序、手动程序和回原位程序等四部分。其中自动程序包括单步、单周期和连续运行的程序，因它们的工作顺序相同，所以可将它们合并编在一起。CJ(FNC00)是条件跳转指令，指针标号 Pn 是操作数。该指令用于某一条件下跳过 CJ 指令和指针标号之间的程序，从指针标号处继续执行，以减少程序执行时间。如果选择手动工作方式，即 X000 为 ON, X001 为 OFF, 则PLC 执行完公用程序后，将跳过自动程序到 P0 处，由于 X000 的动断触点断开，所以直接执行"手动程序"。由于 P1 处 X001 的动断触点闭合，所以又跳过回原位程序到 P2 处。如果选择回原位工作方式，只执行公用程序和回原位程序。如果选择单步或连续运行工作方式,则只执行公用程序和自动程序。

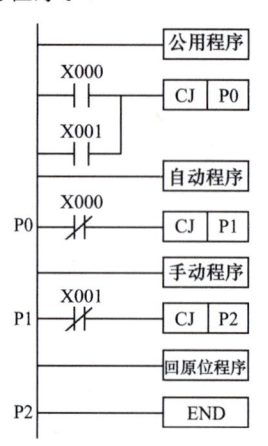

图 3-35 程序总体结构

公用程序梯形图如图 3-36 所示,当 Y004 复位(松紧电磁阀松开)、左限位 X021 和上限位 X017 接通时,辅助继电器 M0 变为 ON,表示机械手在原位。这时,如果开始执行用户程序(M8002 为 ON)、系统处于手动或回原位状态(X000 或 X001 为 ON),那么初始步对应的 M10 被置位,为进入单步、单周期、连续工作方式做好准备。如果 M0 变为 OFF,M10 被复位,系统不能进入单步、单周期、连续工作方式。图 3-36 中的指令 ZRST(FNC40)是成批复位指令,当 X000 为 ON 时,对辅助继电器 M11～M18 复位,以防系统从自动方式转换到手动方式。手动程序梯形图如图 3-37 所示.

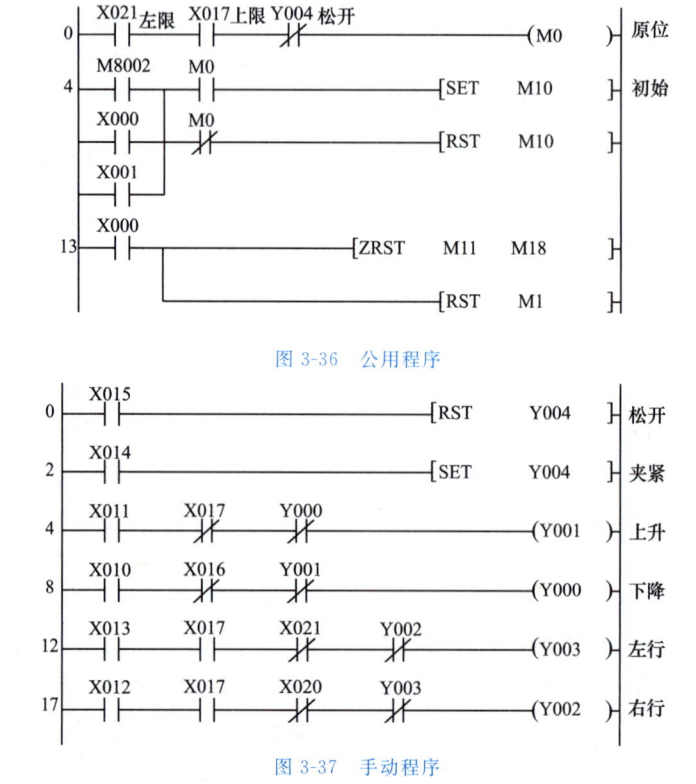

图 3-36 公用程序

图 3-37 手动程序

如图 3-38 所示为回原位程序梯形图，在系统处于回原位工作状态时，按下回原位按钮(X005 为 ON)，M3 变为 ON，机械手松开后上升，当升到上限位(X017 变为 ON)，机械手左行，直到移至左限位(X021 变为 ON)才停止，并且 M3 复位。

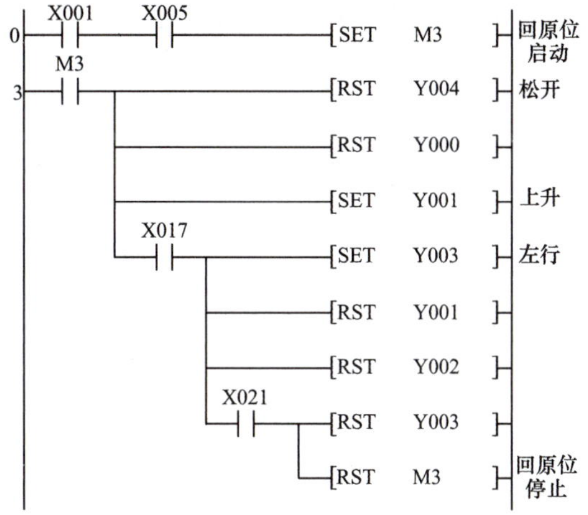

```
 0  ──┤X001├──┤X005├──────────────[SET  M3 ]  回原位启动
       ──┤M3├──────────────────────[RST Y004]  松开
 3                                 [RST Y000]
                                   [SET Y001]  上升
              ──┤X017├─────────────[SET Y003]  左行
                                   [RST Y001]
                                   [RST Y002]
                 ──┤X021├──────────[RST Y003]
                                   [RST  M3 ]  回原位停止
```

图 3-38　回原位程序

自动程序梯形图如图 3-39 所示，假设系统处于初始状态，M10 为 ON，当按下启动按钮 X006 时，M2 变为 ON，使 M11 为 ON，Y000 线圈得电，机械手停止下降。放开启动按钮后，M2 立即变为 OFF。当机械手下降到下限位时，与 Y000 线圈串联的 X016 动断触点断开，Y000 线圈失电，机械手停止下降。此时，M11、X016 均为 ON，其动合触点接通，当按下启动按钮 X006 时，M2 又变为 ON，M12 得电并自保持，机械手进入夹紧状态，同时 M11 也变为 OFF。其中，在完成一步的动作后，必须再按一次启动按钮，系统才能进入下一步。

如果选择的是单周期工作方式，此时 X003 为 ON，X002 的动断触点接通，M2 为 ON，允许转换。在初始步按下启动按钮 X006，在 M11 电路中，因 M10、X006、M2 的动合触点和 M12 的动断触点都接通，所以 M11 变为 ON，Y000 也变为 ON，机械手下降。当机械手碰到下限位开关 X016 时停止下降，M12 变为 ON，Y004 也变为 ON，机械手进入夹紧状态，经过 1.7 s 后，机械手夹紧工件开始上升。这样，系统就会按工序一步一步向前运行。当机械手返回原位时，X004 为 OFF，其动合触点断开，此时不是连续工作方式，因此机械手不会连续运行。相关梯形图留给读者自行绘制。

想一想？

(1)如何用 STL 指令实现机械手自动程序的编制？

(2)基本指令和步进指令如何配合使用？

4. 任务考核

(1)按照任务要求完成 I/O 分配表。

(2)按照任务要求编制程序。

(3)设计 PLC 接线电路并完成接线。

(4)输入程序进行调试。

考核要求及评分标准见表 3-11。

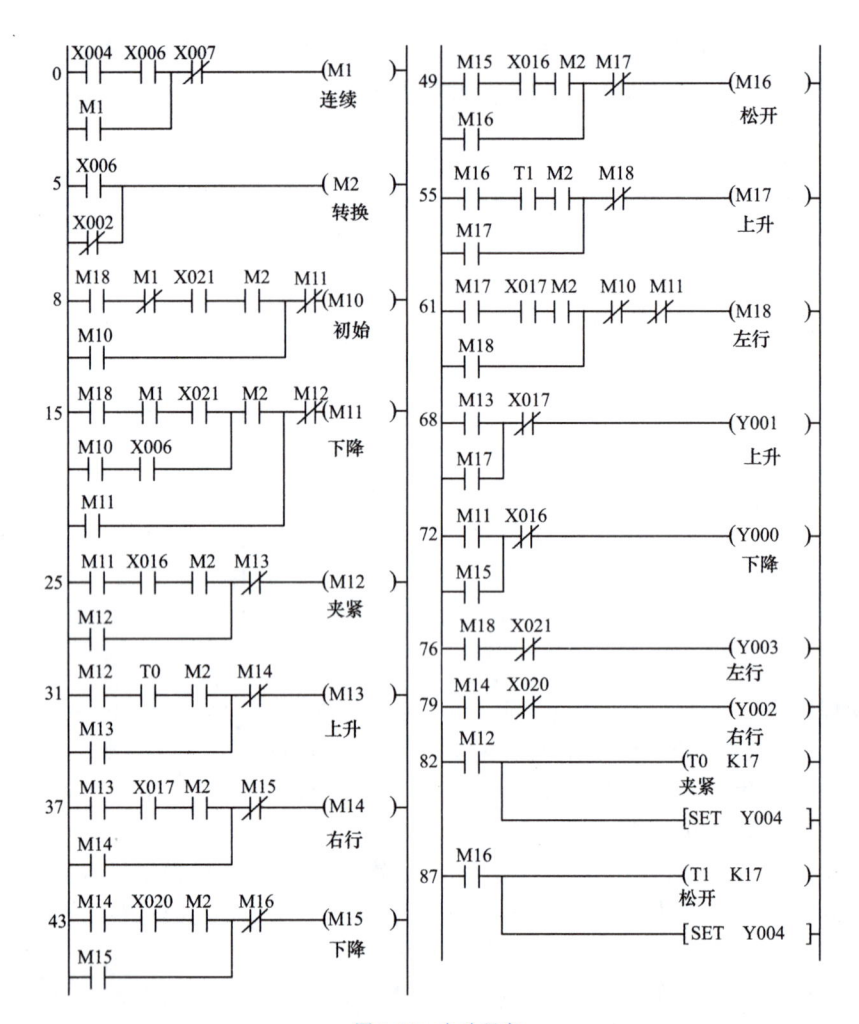

```
     X004  X006  X007                        M15  X016  M2   M17
  0 ──┤├──┤├───┤/├──────────(M1)         49 ──┤├──┤├──┤├──┤/├────────(M16)
     M1                      连续             M16                      松开
   ──┤├──                                  ──┤├──

     X006                                    M16   T1   M2   M18
  5 ──┤├──────────────────────(M2)        55 ──┤├──┤├──┤├──┤/├────────(M17)
     X002                      转换            M17                      上升
   ──┤/├──                                  ──┤├──

     M18  M1  X021  M2   M11                 M17  X017 M2   M10  M11
  8 ──┤├──┤/├──┤├──┤├──┤/├──────(M10)     61 ──┤├──┤/├──┤├──┤/├──┤/├──(M18)
     M10                        初始           M18                      左行
   ──┤├──                                  ──┤├──

     M18  M1  X021  M2   M12                 M13  X017
 15 ──┤├──┤/├──┤├──┤├──┤/├──────(M11)     68 ──┤├──┤/├─────────────(Y001)
     M10  X006                   下降           M17                      上升
   ──┤├──┤├──                                ──┤├──
     M11
   ──┤├──                                    M11  X016
                                          72 ──┤├──┤/├─────────────(Y000)
     M11  X016  M2   M13                     M15                      下降
 25 ──┤├──┤├───┤/├──────────(M12)         ──┤├──
     M12                      夹紧
   ──┤├──                                    M18  X021
                                          76 ──┤├──┤/├─────────────(Y003)
     M12  T0   M2   M14                     M14  X020                 左行
 31 ──┤├──┤├──┤/├──────────(M13)         79 ──┤├──┤/├─────────────(Y002)
     M13                      上升           M12                      右行
   ──┤├──                                  82 ──┤├──────────────(T0  K17)
                                                                    夹紧
     M13  X017 M2   M15                                          [SET Y004]
 37 ──┤├──┤├──┤├──┤/├──────(M14)
     M14                      右行           M16
   ──┤├──                                 87 ──┤├──────────────(T1  K17)
                                                                    松开
     M14  X020 M2   M16                                          [SET Y004]
 43 ──┤├──┤├──┤├──┤/├──────(M15)
     M15                      下降
   ──┤├──
```

图 3-39 自动程序

操作者自行接好线,检查无误后再通电运行。

表 3-11　　　　　　　　　　　　考核要求及评分标准 5

序号	项目	配分	评分标准	得分
1	I/O 分配表	5	每错一处扣 2 分	
2	PLC 接线图	5	每错一处扣 2 分	
3	梯形图	30	每错一处扣 2 分	
4	指令表	10	每错一处扣 2 分	
5	程序输入	10	1. 操作不熟练,不会使用删除、插入、修改、监控方法扣 5～20 分 2. 不会利用按钮开关模拟调试扣 5～20 分	
6	运行	30	1. 分段调试不成功扣 15 分 2. 总体调试不成功扣 15 分	
7	安全文明操作	10	违反操作规程扣 2～10 分,发生严重安全事故扣 10 分	
开始时间:			结束时间:	

能力训练 3

1. 采用梯形图以及指令表的形式对以下状态转移图（图 3-40）编程。

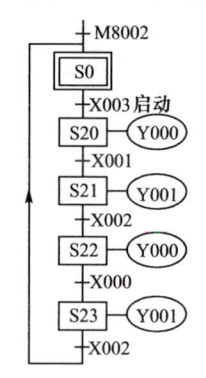

图 3-40　题 1 的状态转移图

2. 有一并行分支状态转移图如图 3-41 所示，请对其进行编程。

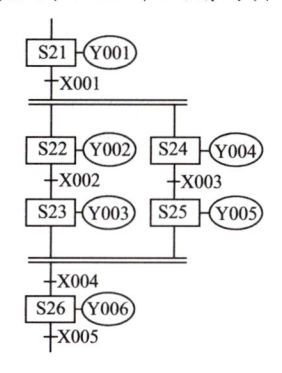

图 3-41　题 2 的状态转移图

3. 十字路口交通灯的控制：信号灯受启动及停止按钮的控制，当按下启动按钮时，信号灯系统开始工作，并周而复始地循环，当按下停止按钮时，系统将停止在初始状态，即南北红灯亮，禁止通行；东西绿灯亮，允许通行。采用状态编程方法设计程序。

控制要求如下：

(1) 南北红灯亮维持 30 s，在南北红灯亮的同时，东西绿灯也亮，并维持 25 s，到 25 s 时，东西绿灯闪亮，闪亮 3 s 后，绿灯灭。在东西绿灯熄灭的同时，东西黄灯亮，并维持 2 s，到 2 s 时，东西黄灯灭，东西红灯亮。同时，南北红灯熄灭，南北绿灯亮。

(2) 东西红灯亮维持 30 s。南北绿灯亮维持 25 s，然后闪亮 3 s，再熄灭。同时南北黄灯亮，并维持 2 s 后熄灭，这时南北红灯亮，东西绿灯亮。接下去循环工作，直到停止按钮被按下。

4. 在生产过程中，经常要对流水线上的产品进行分拣，如图 3-42 所示为用于分拣小、大球的机械装置。工作顺序是向下，抓住，向上，向右运行，向下，释放，向上和向左运行至左上点（原点）。抓住球和释放球的时间均为 1 s。其动作顺序如下：

左上为原点，机械臂下降。（当碰铁压着的是大球时，限位开关 SQ2 断开，而压着的是小球时 SQ2 接通，以此判断是大球还是小球）

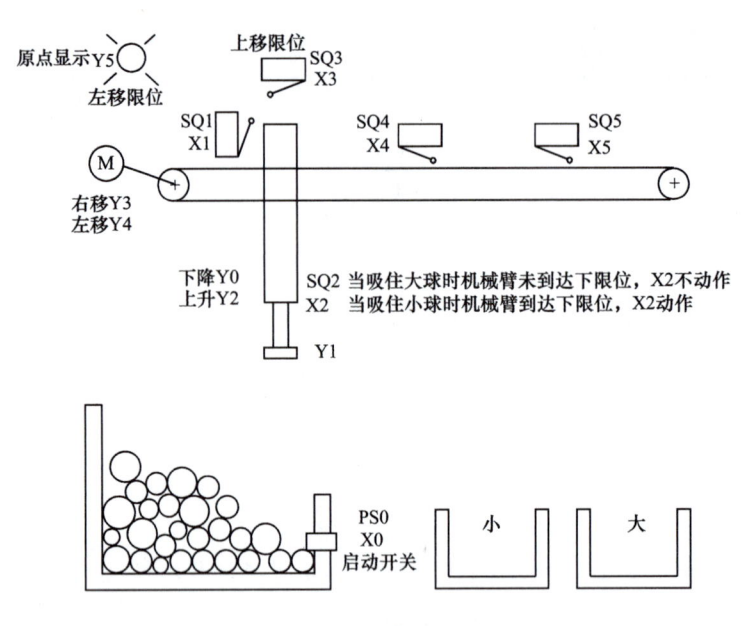

图 3-42 分拣大、小球的机械装置

5. 全自动洗衣机的 PLC 控制。控制要求如下：
(1) 按下启动按钮及水位选择开关，开始进水。液面升至所需水位(中、低)时，关水；
(2) 2 s 后开始洗涤；
(3) 洗涤时，正转 30 s，停 2 s，然后反转 30 s，停 2 s；
(4) 如此循环 5 次，总共 320 s。然后开始排水，排空后脱水 30 s；
(5) 开始清洗，重复(1)～(4)，清洗两遍；
(6) 清洗完成，报警 3 s 后自动停机；
(7) 若按下停止按钮，可手动排水(不脱水)和手动脱水(不计数)。

单元 4　常用功能指令及其应用

学习目标

* 掌握功能指令的作用
* 掌握功能指令的应用方法
* 会应用功能指令编制程序

任务 4.1　三相异步电动机 Y-△降压启动控制

技能点

- 掌握功能指令的格式
- 掌握传送类指令的应用
- 会利用传送类指令绘制梯形图

4.1.1　任务描述

如图 4-1 所示为三相异步电动机的 Y-△降压启动控制线路,工作原理为:按下按钮 SB1,电动机 Y 形启动,经过一定时间(一般为 3～5 s)后,自动转换到△形运行,按下按钮 SB2,电动机停止运行,试用功能指令完成其控制要求。

4.1.2　相关知识

FX 系列 PLC 除了基本逻辑指令和步进指令外,还有许多功能指令,可分为程序控制指令、传送比较指令、算术与逻辑运算指令、移位与循环指令、高速处理指令等。

1. 功能指令的格式

与基本指令不同,功能指令不是表达梯形图符号间的逻辑关系,而是直接表达本指令的功能。FX 系列 PLC 在梯形图中使用功能框表示功能指令,功能指令格式采用"指令助记符＋操作数"的形式。如图 4-2 所示,X001 是功能指令执行的条件,其后的 BMOV 为助记符,D10、D20、K3 为操作数。

助记符:该指令的英文缩写,在一定程度上反映该指令的功能特征。

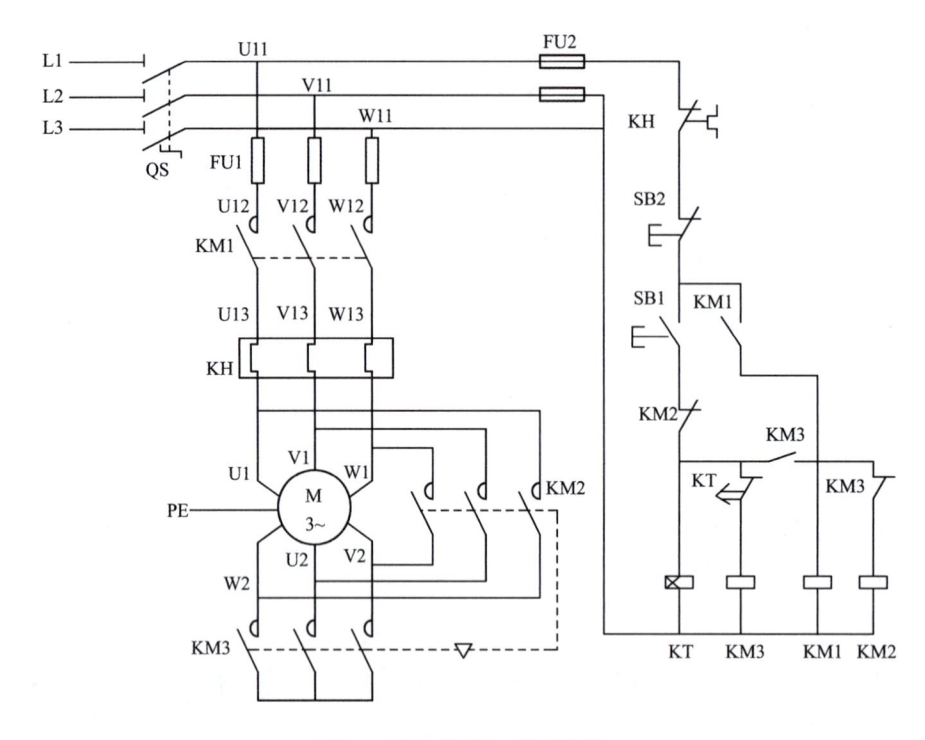

图 4-1　Y-△降压启动控制线路

操作数:功能指令设计或产生的数据,有的功能指令没有操作数,但大多数功能指令有操作数。操作数分为源操作数、目标操作数和其他操作数。

每条功能指令都有助记符和一个与之对应的编号,按指令号 FNC00~FNC250 进行编排。例如:功能指令 BMOV,指令编号为 FNC15。

图 4-2　功能指令格式

(1)源操作数,是指指令执行后不改变其内容的操作数,用符号[S]表示,在可以改变软元件地址号的情况下,用符号[S·]表示,操作数不止一个时,可用[S1·]、[S2·]、[S3·]等表示。

(2)目标操作数,是指指令执行后改变其内容的操作数,用符号[D]表示,在可以改变软元件地址号的情况下,用符号[D·]表示,操作数不止一个时,可用[D1·]、[D2·]、[D3·]等表示。

(3)其他操作数,常用来表示常数或对源操作数和目标操作数做补充说明,表示常数时用 n 或 m 表示,K 表示十进制数,H 表示十六进制数。如图 4-2 中的 K3,表示十进制常数 3。

2. 指令执行方式

功能指令有连续执行和脉冲执行两种方式,助记符后加字母"P"表示脉冲执行方式,无字母"P"表示连续执行方式。

脉冲执行方式是在执行条件满足时仅执行一个扫描周期,这一点对数据处理具有重要意义,例如:一条加法指令,采用脉冲执行方式时,只将加数与被加数做一次加法运算,而采用连续执行方式时,每个扫描周期都要进行一次加法运算。如图4-3所示,功能指令为脉冲执行方式,当 X000 由 OFF 变为 ON 时,MOV 指令仅执行一次。

```
     X000
0 ───┤ ├───[MOVP    K10    D10 ]
```

图 4-3 脉冲执行方式

3. 数据结构形式

(1) 数据长度

FX 系列 PLC 中,数据寄存器 D 和计数器 C0~C499 的当前值寄存器存储的都是 16 位数据,但地址号相邻的两个数据寄存器可以组合起来形成数据寄存器对,用于存储 32 位数据。最高位为符号位,在使用指令时,一般用低位地址表示该元件,并常用偶数地址作为该数据元件的地址号,助记符前加字母"D"表示处理 32 位数据。如图 4-4 所示,表示将 D21、D20 中的数据传送到 D15、D14 中去。D21 为高 16 位数据,D20 为低 16 位数据,助记符前无字母"D"表示处理 16 位数据。脉冲执行标志"P"和 32 位数据处理标志"D"可以同时使用。

```
     X001
0 ───┤ ├───[DMOV    D20    D14 ]
```

图 4-4 32 位数据传送

(2) 字元件与位元件

位元件用来表示开关量接通和断开的状态,分别用二进制数"1"和"0"来表示"接通"和"断开"。继电器 X、Y、M 和 S 为位元件。

字元件用来处理数据,8 个连续的二进制位组成一个字节(Byte),16 个连续的二进制位组成一个字(Word)。例如,数据寄存器 D、定时器 T 和计数器 C 的设定值寄存器、当前值寄存器都是字元件。

位元件 X、Y、M 和 S 也可以组成字元件进行数据处理。位元件组合成位元件组,就可以构成字元件,进行数据处理。4 个连续的位元件组合成一个位元件组,用 KnP 的形式来表示,n 为组数,P 为位元件的首地址。例如:K4M0 表示由 M0~M15 组成的 4 个位元件组(16 位字元件),最低位是 M0,最高位是 M15。16 位操作数时,$n=1$~4,且 $n<4$ 时,高位为 0;32 位操作数时,$n=1$~8,且 $n<8$ 时,高位为 0。

4. 传送指令

(1) 传送指令 MOV(FNC12)

传送指令 MOV(Move),功能是将源操作数[S·]指定元件中的内容传送到目标操作数[D·]指定的元件中,即[S·]→[D·]。传送指令的助记符、指令代码、操作数、程序步见表 4-1。

表 4-1　　　　　　传送指令的助记符、指令代码、操作数、程序步

指令名称	助记符	指令代码	操作数 [S·]	操作数 [D·]	程序步
传送	MOV(P)	FNC12	K、H、T、C、D、V、Z、KnX、KnY、KnM、KnS	KnY、KnM、KnS、T、C、D、V、Z	MOV、MOVP 为 5 步；DMOV、DMOVP 为 9 步

指令使用说明：

如图 4-5 所示,当 X010 为 ON 时,十进制数 5 传送到目标元件 K2Y000 中,指令执行时,常数 K5 自动转换成二进制数,即 Y7～Y0 的状态为 0000 0101。利用传送指令可以读出定时器、计数器的当前值,还可以间接设置定时器、计数器的设定值,如图 4-6 所示。

```
0 ─┤X010├──────[MOV    K5       K2Y000 ]
                      [S·]     [D]
```

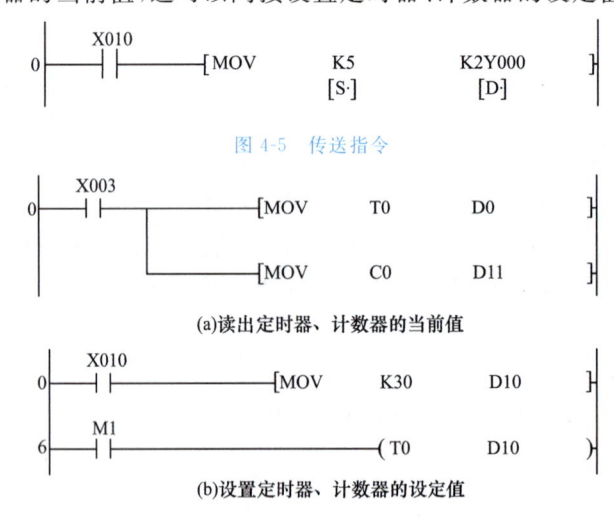

图 4-5　传送指令

```
0 ─┤X003├──────[MOV    T0       D0  ]
           └──[MOV    C0       D11 ]
```
(a)读出定时器、计数器的当前值

```
0 ─┤X010├──────[MOV    K30      D10 ]
6 ─┤M1├────────(T0              D10 )
```
(b)设置定时器、计数器的设定值

图 4-6　传送指令在定时器、计数器中的应用

【例 4-1】 用传送指令实现三台电动机的顺序启动。第一台电动机启动后,延时 5 s,第二台电动机启动,再延时 3 s,第三台电动机启动。需要停止时,三台电动机同时停止。

解:梯形图如图 4-7 所示。

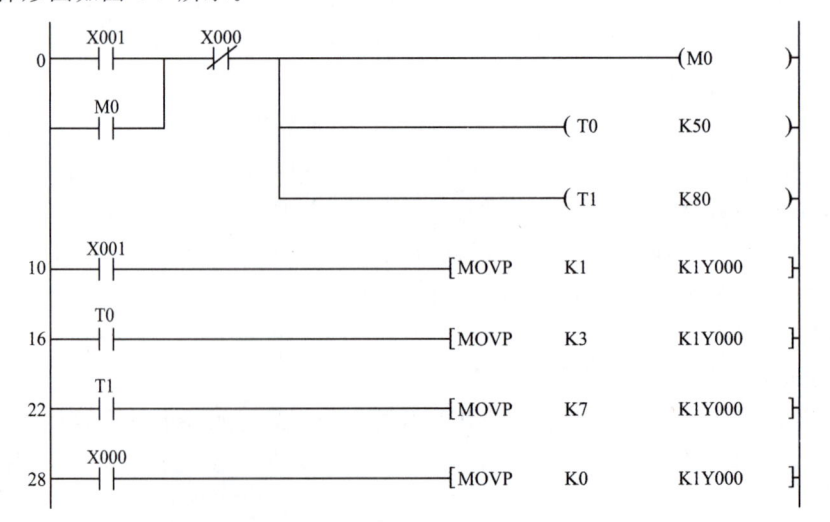

```
0 ──┤X001├──┤/X000├──────────────(M0)
    │M0│
    ├──┤├──┬──────────────────(T0  K50)
                └─────────────(T1  K80)
10 ─┤X001├────────────[MOVP  K1   K1Y000]
16 ─┤T0├──────────────[MOVP  K3   K1Y000]
22 ─┤T1├──────────────[MOVP  K7   K1Y000]
28 ─┤X000├────────────[MOVP  K0   K1Y000]
```

图 4-7　三台电动机的顺序启动梯形图

【例 4-2】 一组彩灯 L1~L8,要求点亮时先点亮灯 L1、L3、L5、L7,3 s 后点亮灯 L2、L4、L6、L8,同时灯 L1、L3、L5、L7 熄灭,3 s 后点亮灯 L1、L3、L5、L7,同时灯 L2、L4、L6、L8 熄灭,如此反复进行,停止时灯全部熄灭。

解:设 X0 接启动信号,X1 接停止信号,控制梯形图如图 4-8 所示。

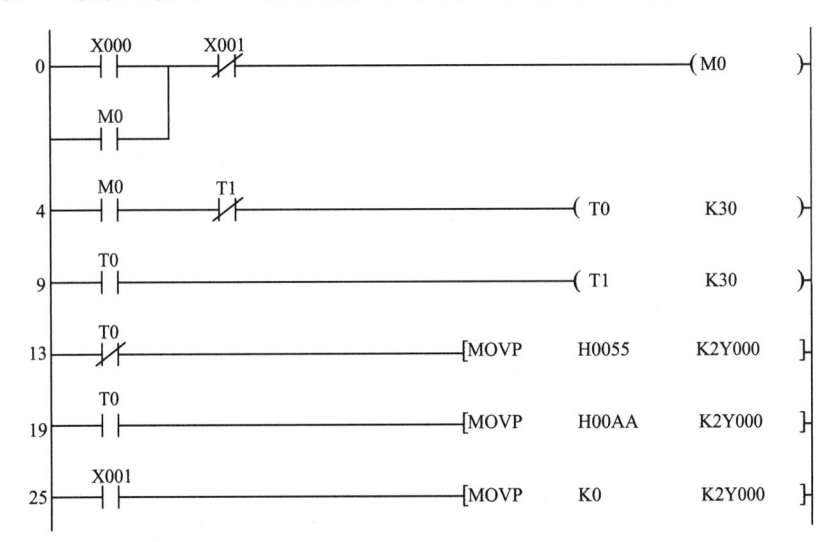

```
    X000    X001
0 ──┤├──┬──┤/├──────────────────────────( M0 )
    M0   │
    ──┤├─┘
    M0      T1
4 ──┤├──────┤/├──────────────────( T0      K30 )
    T0
9 ──┤├──────────────────────────( T1      K30 )
    T0
13──┤/├─────────────────[MOVP    H0055    K2Y000]
    T0
19──┤├──────────────────[MOVP    H00AA    K2Y000]
    X001
25──┤├──────────────────[MOVP    K0       K2Y000]
```

图 4-8 彩灯隔灯点亮控制梯形图

(2)移位传送指令 SMOV(FNC13)

移位传送指令 SMOV(Shift Move),是将 4 位十进制源操作数[S·]指定元件中指定位数的数据传送到 4 位十进制目标操作数[D·]指定元件中的指定位置。指令中的常数 $m1$、$m2$ 和 n 的取值范围为 1~4,分别对应个位、十位、百位、千位。

十进制数在存储器中以二进制数的形式存放,源操作数的数据和目标操作数的数据范围均为 0~9999。移位传送指令的助记符、指令代码、操作数、程序步见表 4-2。

指令使用说明:

如图 4-9 所示,当 X002 为 ON 时,将 D1 中的数据转换后的 BCD 码右起第四位 ($m1=4$)开始的两位($m2=2$),即第四位、第三位移到 D2 的右起第三位($n=3$)和第二位,D2 中的 BCD 码的第一位和第四位不受移位传送指令的影响,然后 D2 中的 BCD 码自动转换为二进制数。

特殊辅助继电器 M8168 为 ON 时,移位传送指令运行在 BCD 方式,源操作数中的数据和目标操作数中的数据均为 BCD 码。

表 4-2 移位传送指令的助记符、指令代码、操作数、程序步

指令名称	助记符	指令代码	操作数					程序步
			[S·]	[D·]	$m1$	$m2$	n	
移位传送	SMOV(P)	FNC13	K、H、T、C、D、V、Z、KnX、KnY、KnM、KnS	K、H、KnY、KnM、KnS、T、C、D、V、Z	K、H			SMOV、SMOVP 为 11 步

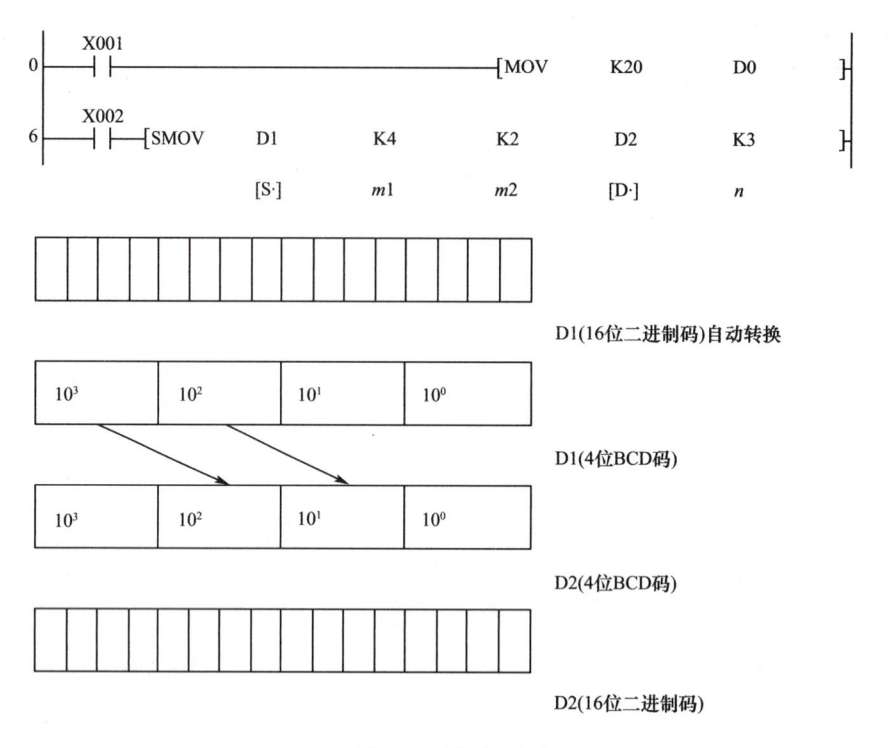

```
          X001
    0 ────┤├──────────────────────────[MOV    K20    D0  ]
          X002
    6 ────┤├────[SMOV    D1    K4    K2    D2    K3 ]
                        [S·]   m1    m2   [D·]   n
```

D1(16位二进制码)自动转换

D1(4位BCD码) 10^3 10^2 10^1 10^0

D2(4位BCD码) 10^3 10^2 10^1 10^0

D2(16位二进制码)

图 4-9　移位传送指令

(3) 取反传送指令 CML(FNC14)

取反传送指令 CML(Complement)，是将源操作数[S·]指定元件中的数据逐位取反 (1→0,0→1)，并传送到目标操作数[D·]指定的元件中。取反传送指令的助记符、指令代码、操作数、程序步见表 4-3。

表 4-3　　　　　取反传送指令的助记符、指令代码、操作数、程序步

指令名称	助记符	指令代码	操作数		程序步
			[S·]	[D·]	
取反传送	CML(P)	FNC14	K、H、T、C、D、V、Z、KnX、KnY、KnM、KnS	KnY、KnM、KnS、T、C、D、V、Z	CML、CMLP 为 5 步

指令使用说明：

如图 4-10 所示，当 X001 为 ON 时，将 D0 的第四位取反后传送到 Y003、Y002、Y001、Y000 中。

```
         X001
    0 ───┤├──────────────────[CML    D0    K1Y000 ]
                                    [S·]   [D·]
```

图 4-10　取反传送指令

若源操作数为十进制常数 K，该数据会自动转换为二进制数。该指令用于反逻辑输出时非常方便。

(4) 块传送指令 BMOV(FNC15)

块传送指令 BMOV(Block Move)，是将从源操作数[S·]指定元件中开始的 n 个数

单元 4 常用功能指令及其应用

据组成的数据块传送到目标操作数[D·]指定元件中开始的 n 个数据。块传送指令的助记符、指令代码、操作数、程序步见表 4-4。

表 4-4 块传送指令的助记符、指令代码、操作数、程序步

指令名称	助记符	指令代码	操作数			程序步
			[S·]	[D·]	n	
块传送	BMOV(P)	FNC15	T、C、D、KnX、KnY、KnM、KnS	KnY、KnM、KnS、T、C、D	K、H	BMOV、BMOVP 为 7 步

指令使用说明:

如图 4-11 所示,当满足 X010 的执行条件时,执行指令结果为:D5→D10、D6→D11、D7→D12。

```
       X010
0 ─────┤├──────────[BMOV    D5       D10      K3  ]─
                            [S·]     [D·]     n
```

图 4-11 块传送指令

如果元件号超出允许的范围,数据仅传送到允许的范围。为防止在源数据块与目标数据块重叠时,源数据块在传送过程中被改写,PLC 会自行决定传送顺序。如图 4-12 所示,当满足 X001 的执行条件时,指令执行的结果为:D10→D9、D11→D10、D12→D11;当满足 X003 的执行条件时,指令执行的结果为:D10→D11、D11→D12、D12→D13。

```
       X001
0 ─────┤├──────────[BMOV    D10      D9       K3  ]─
       X003
8 ─────┤├──────────[BMOV    D10      D11      K3  ]─
```

图 4-12 数据块重叠时传送

在使用位元件时,源操作数与目标操作数要采用相同的位数。如图 4-13 所示,当满足 M8002 的执行条件时,指令执行的结果为:X000→Y000、X001→Y001、X002→Y002、X003→Y003、X004→Y004、X005→Y005、X006→Y006、X007→Y007($n=2$)。

```
       M8002
0 ─────┤├──────────[BMOV    K1X000   K1Y000   K2  ]─
```

图 4-13 位元件块传送指令

M8024 为 BMOV 指令的方向特殊功能继电器,当 M8024 为 ON 时,传送的方向相反(目标数据传送到源数据中),利用 BMOV 指令可以读出文件寄存器中的数据。

(5)多点传送指令 FMOV(FNC16)

多点传送指令 FMOV(Fill Move),是将源操作数[S·]指定元件中的内容传送到从目标操作数[D·]指定的元件开始的 n 个元件中,n 个元件中的内容相同。多点传送指令的助记符、指令代码、操作数、程序步见表 4-5。

指令使用说明:

如图 4-14 所示,当 X001 为 ON 时,K1 分别传送到 D0~D7 中。如果元件号超出允许的范围,数据仅传送到允许的范围。

表 4-5　　　　　　　多点传送指令的助记符、指令代码、操作数、程序步

指令名称	助记符	指令代码	操作数			程序步
			[S·]	[D·]	n	
多点传送	FMOV(P)	FNC16	T、C、D、V、Z、KnX、KnY、KnM、KnS、K、H	KnX、KnY、KnM、KnS、T、C、D	K、H	FMOV、FMOVP 为 7 步

```
       X001
  0 ───┤├─────────────[FMOV   K1    D0    K8 ]
                              [S·]  [D·]   n
```

图 4-14　多点传送指令

4.1.3　任务实施

1. 输入点、输出点的分配

输入点、输出点的分配见表 4-6。

表 4-6　　　　　　　　　输入点、输出点的分配 1

输入点		输出点	
名称	输入点编号	名称	输出点编号
启动按钮 SB1	X0	接触器 KM1	Y0
停止按钮 SB2	X1	接触器 KM3（Y 形）	Y1
		接触器 KM2（△形）	Y2

2. 程序设计及调试

电动机的 Y-△降压启动控制梯形图如图 4-15 所示。启动时，X000 为 ON，将十进制数 3（二进制为 0011）传送到 K1Y000 中，此时，Y001、Y000 为 ON，经过 3 s 后，将十进制数 5（二进制为 0101）传送到 K1Y000 中，此时，Y002、Y000 为 ON。停止时，X001 为 ON，将十进制数 0（二进制为 0000）传送到 K1Y000 中，此时，Y002、Y001、Y000 均为 OFF，电动机停止运行。

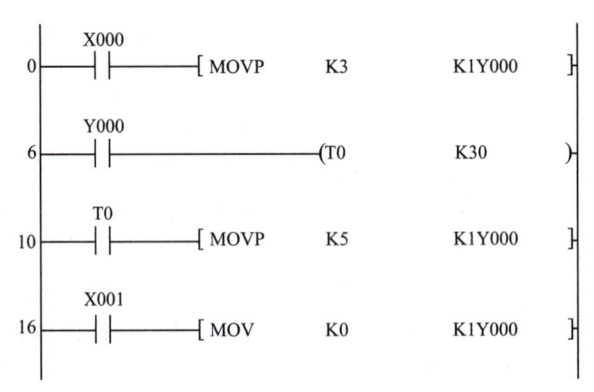

```
       X000
  0 ───┤├─────────────[MOVP   K3    K1Y000 ]

       Y000
  6 ───┤├──────────────────(T0    K30 )

       T0
 10 ───┤├─────────────[MOVP   K5    K1Y000 ]

       X001
 16 ───┤├─────────────[MOV    K0    K1Y000 ]
```

图 4-15　电动机的 Y-△降压启动控制梯形图

程序调试：

(1) 按下启动按钮 SB1，观察输出继电器 Y0～Y2 的输出状态。

(2)按下停止按钮 SB2,观察输出继电器 Y0～Y2 的输出状态。

3. 任务考核

(1)按照任务要求完成 I/O 分配表。

(2)按照任务要求编制程序。

(3)设计 PLC 接线电路并完成接线。

(4)输入程序进行调试。

考核要求及评分标准见表 4-7。

操作者自行接好线,检查无误后再通电运行,观察电动机运行情况是否符合要求。

想一想?

功能指令编程与基本逻辑指令编程有何不同?

表 4-7　　　　　　　　考核要求及评分标准 1

序号	项目	配分	评分标准	得分
1	I/O 分配表	10	每错一处扣 2 分	
2	PLC 接线图	10	每错一处扣 2 分	
3	梯形图	20	每错一处扣 2 分	
4	指令表	10	每错一处扣 2 分	
5	程序输入	20	1.操作不熟练,不会使用删除、插入、修改、监控方法扣 5～20 分 2.不会调试扣 5～20 分	
6	运行	20	1.不能 Y 形运行扣 5 分 2.不能 △ 形运行扣 5 分 3.Y、△运行切换时间不正确扣 5 分 4.全不正确扣 20 分	
7	安全文明操作	10	违反操作规程扣 2～10 分,发生严重安全事故扣 10 分	
开始时间:			结束时间:	

任务 4.2　闪光灯频率控制

技能点

◆ 掌握改变数据寄存器、变址寄存器的内容或地址编号对应的内容的方法

◆ 熟悉传送指令的应用

◆ 熟悉字元件、位组合元件的应用

4.2.1　任务描述

利用四个外接置数开关的不同状态,实现闪光灯频率的控制。

4.2.2　相关知识

数据寄存器

数据寄存器在模拟量检测与控制、位置控制等场合用来储存数据和参数,FX 系列

PLC 的数据寄存器为 16 位,可以存储 16 位二进制数或一个字,如果将两个相邻地址号的数据寄存器组合起来,可以存储 32 位数据。例如:D1D0 组成的双字数据,D0 存放低 16 位数据,D1 存放高 16 位数据。数据寄存器最高位为符号位,该位为"0"时数据为正,为"1"时数据为负。数据寄存器分为如下几类:

(1)通用数据寄存器

通用数据寄存器(D0~D199,共 200 个)一旦写入数据,只要不写入其他数据,其内容就不会变化,但是在 PLC 从运行到停止或断电时,所有数据被清零。如果特殊辅助继电器 M8033 为 ON,PLC 从运行到停止,寄存器的数据保持不变。

(2)断电保持数据寄存器

断电保持数据寄存器(D200~D7999,共 7800 个)与通用数据寄存器一样,除非改写,否则原有数据内容不会变化,但与通用数据寄存器不同的是,PLC 从运行到停止或断电时,寄存器原有数据不变。当 PLC 做点对点通信时,D490~D509 用作通信数据存储。

(3)特殊数据寄存器

特殊数据寄存器(D8000~D8255,共 256 个)用于控制和监视 PLC 内部的工作方式和元件。在电源接通时先全部清零,然后由系统只读存储器写入初始值。例如:D8000 中监视时钟的时间,由系统只读存储器在通电时写入。需要改变时,用传送指令将时间传入 D8000,该值在 PLC 由运行到停止时保持不变。必须注意,用户不要使用没有定义的特殊数据寄存器。

(4)文件数据寄存器

文件数据寄存器是一类专用数据寄存器,用于存储大量的数据,例如,采集数据,统计、计算数据,多组控制参数等。文件数据寄存器以 500 个为单位,可被外围设备存取。文件数据寄存器实际上被设置为 PLC 的参数区,与断电保持数据寄存器是重叠的,可以保证数据不丢失。

(5)变址数据寄存器

变址数据寄存器 V、Z 常用于修改编程元件的地址编号。FX_{2N} 系列有 16 个变址数据寄存器,V、Z 各 8 个,V0~V7 和 Z0~Z7,存放在里面的数据为一个增量。V、Z 都是 16 位的数据寄存器,将 V、Z 合并使用,可进行 32 位数据操作,指定 Z 为低 16 位。变址数据寄存器的使用方法如图 4-16 所示,如果 V1=8,则 D5V1 指的是 D13(5+8=13)数据寄存器;如果 Z1=10,则 D10Z1 指的是 D20(10+10=20)数据寄存器,执行指令后的结果是将 D13 数据寄存器的内容传送到 D20 数据寄存器中。可用变址寄存器进行变址的元件为 X、M、S、P、T、C 和 D。

```
       X001
0 ─────┤ ├──────[MOV    D5V1    D10Z1 ]─
```

图 4-16 变址数据寄存器的使用

数据寄存器可以用于设置定时器、计数器的设定值或改变定时器和计数器的当前值,如图 4-17 所示。

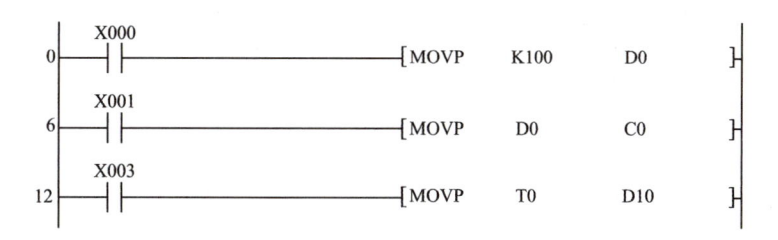

```
       X000
    ┌───┤├───────────────────────[ MOVP    K100    D0 ]─┤
    0
       X001
    ┌───┤├───────────────────────[ MOVP    D0      C0 ]─┤
    6
       X003
    ┌───┤├───────────────────────[ MOVP    T0      D10 ]─┤
   12
```

图 4-17　数据寄存器用于设置定时器、计数器的设定值

4.2.3 任务实施

利用四个外接置数开关的不同状态，可以组合成一系列不同的二进制数（开关闭合为"1"，断开为"0"），将四个外接置数开关与输入继电器相连，闪光灯与输出继电器相连，启动、停止开关分别用 SA1、SA2 表示。

1. 输入点、输出点的分配

四个置数开关分别用自锁按钮 SB0、SB1、SB2、SB3 表示，输入点、输出点的分配见表 4-8。

表 4-8　　　　　　　　　　输入点、输出点的分配 2

输入点		输出点	
名称	输入点编号	名称	输出点编号
置数开关 SB0	X0	闪光灯	Y0
置数开关 SB1	X1		
置数开关 SB2	X2		
置数开关 SB3	X3		
启动开关 SA1	X10		
停止开关 SA2	X11		

2. 程序设计及调试

梯形图如图 4-18 所示，程序运行时先将变址寄存器 Z1 清零，X010 为 ON 时，将外接置数开关 X000～X003 的状态所表示的数据送入变址寄存器 Z1，变址后将数据送入数据寄存器 D0，D0 作为定时器的设定值，定时器 T0、T1 相互配合使得输出继电器 Y000 按一定的时间间隔闪光。

程序调试：将梯形图输入 PLC，并将 PLC 外部接线接好，分别用置数开关设置不同数值，观察 Y0 的输出变化情况是否符合闪光灯要求。

3. 任务考核

（1）按照任务要求完成 I/O 分配表。
（2）按照任务要求编制程序。
（3）设计 PLC 接线电路并完成接线。
（4）输入程序进行调试。

考核要求及评分标准见表 4-9。

操作者自行接好线,检查无误后再通电运行,观察闪光灯运行情况是否符合要求。

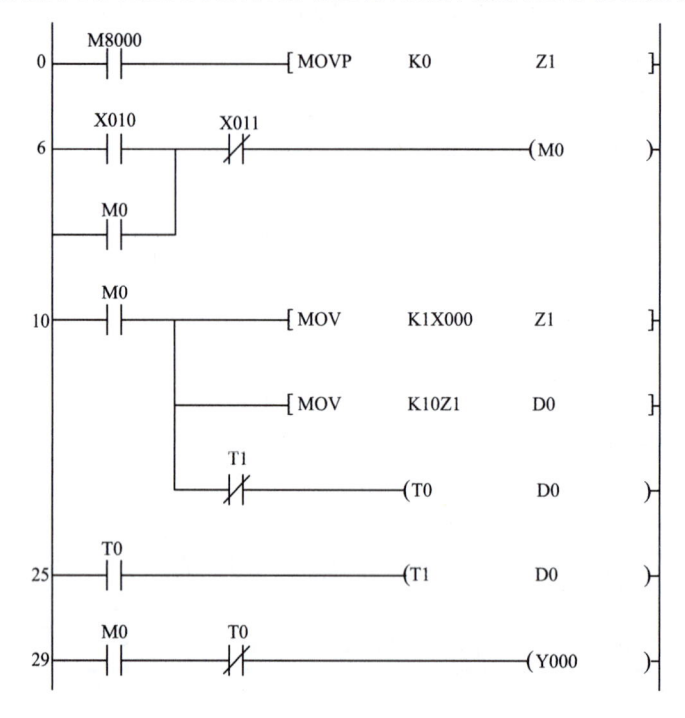

```
   M8000
0 ──┤├─────────────────────[ MOVP    K0       Z1 ]

   X010    X011
6 ──┤├─────┤/├────────────────────────────(M0)
   M0
   ──┤├────┤

   M0
10 ──┤├────┬────────────────[ MOV    K1X000   Z1 ]
           │
           ├────────────────[ MOV    K10Z1    D0 ]
           │
           │    T1
           └───┤/├───────────────────────(T0   D0)

   T0
25 ──┤├──────────────────────────────────(T1   D0)

   M0      T0
29 ──┤├────┤/├───────────────────────────(Y000)
```

图 4-18 闪光灯频率控制梯形图

表 4-9　　　　　　　　考核要求及评分标准 2

序号	项目	配分	评分标准	得分
1	I/O 分配表	10	每错一处扣 2 分	
2	PLC 接线图	10	每错一处扣 2 分	
3	梯形图	20	每错一处扣 2 分	
4	指令表	10	每错一处扣 2 分	
5	程序输入	20	1. 操作不熟练,不会使用删除、插入、修改、监控方法扣 5～20 分 2. 不会调试扣 5～20 分	
6	运行	20	调试不成功 20 分	
7	安全文明操作	10	违反操作规程扣 2～10 分,发生严重安全事故扣 10 分	
开始时间:		结束时间:		

想一想?

闪光灯的频率是通过改变哪些参数实现的?

任务 4.3　设置密码锁

技能点

◆ 掌握比较类指令的作用
◆ 会使用比较类指令编制程序

4.3.1 任务描述

密码锁有 3 个置数(十六进制数)开关,可以设置 3 位数密码,每位密码用 4 个带自锁的按钮输入(二进制数),X0~X3 表示第一位十六进制数,X4~X7 表示第二位十六进制数,X10~X13 表示第三位十六进制数,如所拨数字与密码锁设定数字相同,3 s 后密码锁自动开启,10 s 后重新上锁。密码锁的密码由程序设定。假定某一密码锁的密码第一位为 6,第二位为 5,第三位为 4,即密码为 H456,利用 PLC 实现密码锁控制。

4.3.2 相关知识

1. 比较指令 CMP(FNC10)

比较指令 CMP(Compare),是比较源操作数[S1·]和[S2·]指定元件中的数据,比较的结果送到目标操作[D·]指定的元件及其后连续的两个软元件中,比较指令的助记符、指令代码、操作数、程序步见表 4-10。

表 4-10　　　　　　比较指令的助记符、指令代码、操作数、程序步

指令名符	助记符	指令代码	操作数 [S1·]	操作数 [S2·]	[D·]	程序步
比较	CMP(P)	FNC10	K、H、T、C、D、V、Z、KnX、KnY、KnM、KnS	K、H、T、C、D、V、Z、KnX、KnY、KnM、KnS	Y、M、S	CMP、CMPP 为 7 步

指令使用说明:

如图 4-19 所示,[D·]可以取 Y、M 和 S,占用 3 个连续元件。

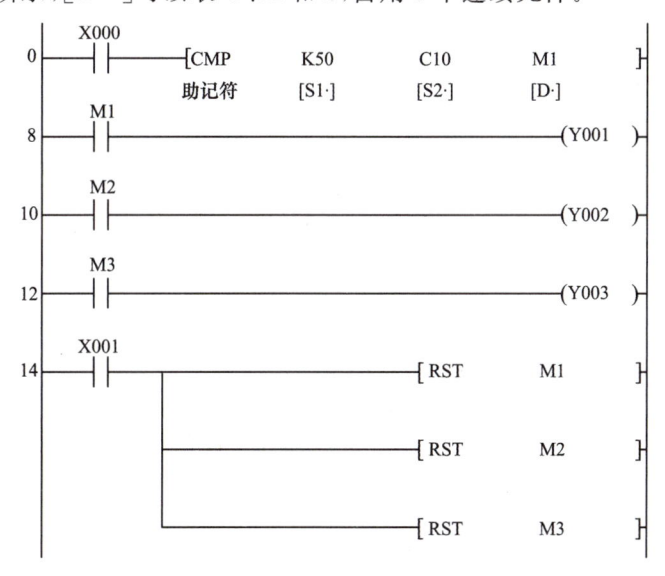

```
    X000
 0 ──┤├──────[CMP    K50    C10    M1 ]
              助记符  [S1·]  [S2·]  [D·]
    M1
 8 ──┤├──────────────────────────(Y001)
    M2
10 ──┤├──────────────────────────(Y002)
    M3
12 ──┤├──────────────────────────(Y003)
    X001
14 ──┤├──────────────────[RST    M1]
         ├───────────────[RST    M2]
         └───────────────[RST    M3]
```

图 4-19　比较指令的应用

比较后执行结果为:

[S1·]>[S2·]→[D·]

[S1·]=[S2·]→[D·]+1

[S1·]<[S2·]→[D·]+2

当 X000 为 ON 时,执行 CMP 指令,K50 大于 C10 当前值时,M1 为 ON;K50 等于 C10 当前值时,M2 为 ON;K50 小于 C10 当前值时,M3 为 ON。X000 为 OFF 时不进行比较,M1~M3 的状态保持不变。

如果指定的元件种类和元件号超出了允许范围,系统将会出错。清除比较结果时,用复位指令 RST 或区间复位指令 ZRST。

除比较指令 CMP 外,还有触点型比较指令,可分为加载类(LD)、串联类(AND)和并联类(OR)触点比较指令。触点型比较指令相当于一个触点,执行时源操作数[S1·]和[S2·]指定元件中的数据进行比较,满足条件时,触点接通,不满足条件时,触点断开。源操作数[S1·]和[S2·]指定元件中的数据可以取所有数据类型。

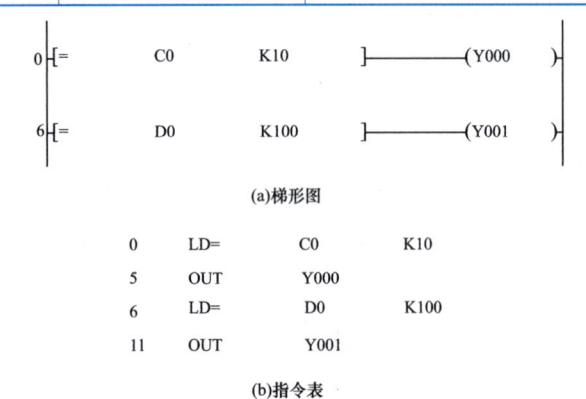

2. LD 类触点比较指令

LD 类触点比较指令是将比较触点接在左侧母线上。比较条件是否成立决定该触点的通断情况。其形式与功能见表 4-11,应用如图 4-20 所示。

表 4-11　　　　　　　　　　　LD 类触点比较指令

编号	助记符	执行结果	
224	LD=	[S1·]=[S2·]	触点接通
225	LD>	[S1·]>[S2·]	触点接通
226	LD<	[S1·]<[S2·]	触点接通
228	LD<>	[S1·]≠[S2·]	触点接通
229	LD≤	[S1·]≤[S2·]	触点接通
230	LD≥	[S1·]≥[S2·]	触点接通

```
0 ─[= C0 K10 ]──────(Y000)─
6 ─[= D0 K100]──────(Y001)─
```
(a)梯形图

```
0   LD=    C0     K10
5   OUT    Y000
6   LD=    D0     K100
11  OUT    Y001
```
(b)指令表

图 4-20　LD 类触点比较指令

3. AND 类触点比较指令

AND 类触点比较指令是将比较触点与其他触点进行串联的指令,比较条件是否成立决定触点的通断情况。其形式与功能见表 4-12,应用如图 4-21 所示。

表 4-12　　　　　　　　　　　AND 类触点比较指令

编号	助记符	执行结果	
232	AND=	[S1·]=[S2·]	触点接通
233	AND>	[S1·]>[S2·]	触点接通
234	AND<	[S1·]<[S2·]	触点接通
236	AND<>	[S1·]≠[S2·]	触点接通
237	AND≤	[S1·]≤[S2·]	触点接通
238	AND≥	[S1·]≥[S2·]	触点接通

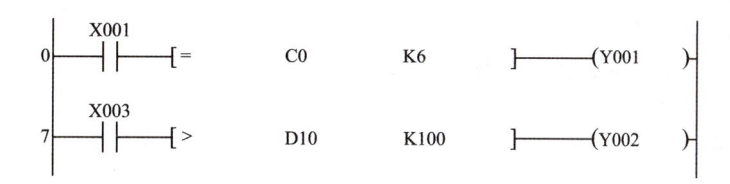

```
     X001
  0 ──┤├──[=    C0      K6    ]──(Y001)

     X003
  7 ──┤├──[>    D10     K100  ]──(Y002)
```

图 4-21　AND 类触点比较指令

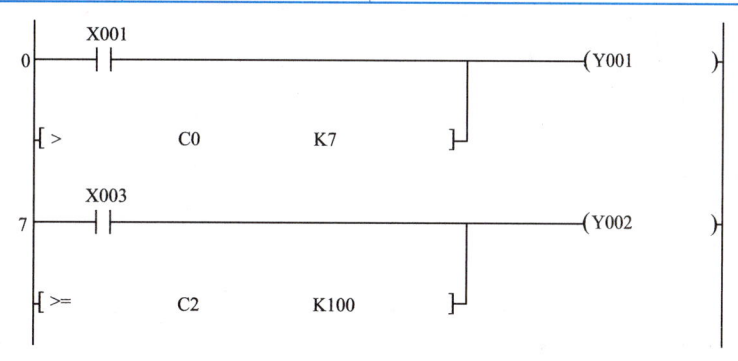

4. OR 类触点比较指令

OR 类触点比较指令是将比较触点与其他触点进行并联的指令,比较条件是否成立决定触点的通断情况。其形式与功能见表 4-13,应用如图 4-22 所示。

表 4-12　　　　　　　　　　　OR 类触点比较指令

编号	助记符	执行结果	
240	OR=	[S1·]=[S2·]	触点接通
241	OR>	[S1·]>[S2·]	触点接通
242	OR<	[S1·]<[S2·]	触点接通
244	OR<>	[S1·]≠[S2·]	触点接通
245	OR≤	[S1·]≤[S2·]	触点接通
246	OR≥	[S1·]≥[S2·]	触点接通

```
     X001
  0 ──┤├──────────────────────────(Y001)
         │                      │
         └──[>    C0     K7  ]──┘

     X003
  7 ──┤├──────────────────────────(Y002)
         │                      │
         └──[>=   C2    K100 ]──┘
```

图 4-22　OR 类触点比较指令

4.3.3　任务实施

由任务要求可知,密码锁由 K3X0 送入数据,若送入的数据与密码相同,则解锁成功。用比较指令完成送入的数据与密码的比较判断,密码锁的开启用 Y0 控制。

1. 输入点、输出点的分配

由任务要求可知,需要 12 个置数开关,输入点、输出点的分配见表 4-14。

表 4-14　　　　　　　　　　输入点、输出点的分配 3

输入点		输出点	
名称	输入点编号	名称	输出点编号
密码 第一位	X0~X3	密码锁	Y0
密码 第二位	X4~X7		
密码 第三位	X10~X13		

2. 程序设计及调试

由比较指令完成的密码锁控制梯形图如图 4-23 所示。

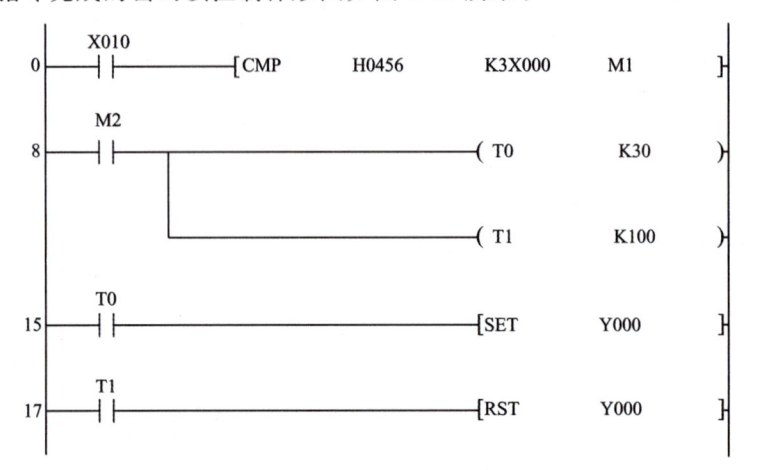

```
       X010
   0 ───┤├─────────────[CMP    H0456    K3X000    M1 ]

       M2
   8 ───┤├─────────────────────────────( T0    K30 )
                      │
                      └──────────────( T1    K100 )

       T0
  15 ───┤├─────────────────────────────[SET    Y000 ]

       T1
  17 ───┤├─────────────────────────────[RST    Y000 ]
```

图 4-23 密码锁控制梯形图

程序调试：
(1)将置数开关分别按密码设置数值，观察程序运行情况。
(2)任意设置密码，重新置数，观察程序运行情况。

3. 任务考核

(1)按照任务要求完成 I/O 分配表。
(2)按照任务要求编制程序。
(3)设计 PLC 接线电路并完成接线。
(4)输入程序进行调试。

考核要求及评分标准见表 4-15。

操作者自行接好线，检查无误后再通电运行，观察程序运行情况是否符合要求。

表 4-15　　　　　　　　　考核要求及评分标准 3

序号	项目	配分	评分标准	得分
1	I/O 分配表	10	每错一处扣 2 分	
2	PLC 接线图	10	每错一处扣 2 分	
3	梯形图	20	每错一处扣 2 分	
4	指令表	10	每错一处扣 2 分	
5	程序输入	20	1.操作不熟练，不会使用删除、插入、修改、监控方法扣 5~20 分 2.不会调试扣 5~20 分	
6	运行	20	1.密码设置不正确扣 5 分 2.开启时间不正确扣 5 分 3.重新上锁不正确扣 5 分 4.全不正确扣 20 分	
7	安全文明操作	10	违反操作规程扣 2~10 分，发生严重安全事故扣 10 分	

开始时间：　　　　　　　　结束时间：

想一想?

(1) 密码为何用十六进制数表示? 可以用十进制数表示吗?

(2) 如果设置四个密码分别为 H245、H1A6、H28A、H149,如何用 PLC 实现其控制? 试编制程序。(提示:可以一次解开一个密码,四次解码后,密码锁开启。)

任务 4.4 设定简易时钟控制器

技能点

◆ 进一步熟悉比较指令的应用
◆ 掌握区间类比较指令的应用技巧

4.4.1 任务描述

利用计数与比较指令,设计 24 h 可设定时间的住宅时钟控制程序,每 15 min 为一设定单位,控制要求如下:

(1) 6:30,闹钟响铃 10 s 后自动停止。
(2) 9:00~17:00,启动住宅报警系统。
(3) 18:00,打开住宅照明系统。
(4) 22:00,关闭住宅照明系统。

4.4.2 相关知识

1. 区间比较指令 ZCP(FNC11)

区间比较指令 ZCP(Zone Compare),将源操作数[S·]指定元件中的数据与另两个源操作数[S1·]和[S2·]指定元件中的数据进行比较,比较结果传送到目标操作数[D·]指定的元件及其后连续的两个软元件中。源操作数[S1·]的数据小于[S2·]的数据,比较后执行结果为:

[S·]<[S1·]→[D·]

[S1·]≤[S·]≤[S2·]→[D·]+1

[S·]>[S2·]→[D·]+2

区间比较指令的助记符、指令代码、操作数、程序步见表 4-16。

表 4-16　　区间比较指令的助记符、指令代码、操作数、程序步

指令名称	助记符	指令代码	操作数			程序步
			[S1·]	[S2·]	[D·]	
区间比较	ZCP(P)	FNC11	K、H、T、C、D、V、Z、KnX、KnY、KnM、KnS		Y、M、S	CMP、CMPP 为 7 步

指令使用说明:

如图 4-24 所示,当 X010 为 ON 时,执行区间比较指令。C10 的当前值小于 K20 时,

M0 为 ON；C10 的当前值大于等于 K20 小于等于 K50 时，M1 为 ON；C10 的当前值大于 K50 时，M2 为 ON；X010 为 OFF 时，不进行比较。清除比较结果时，用复位指令 RST 或区间复位指令 ZRST。

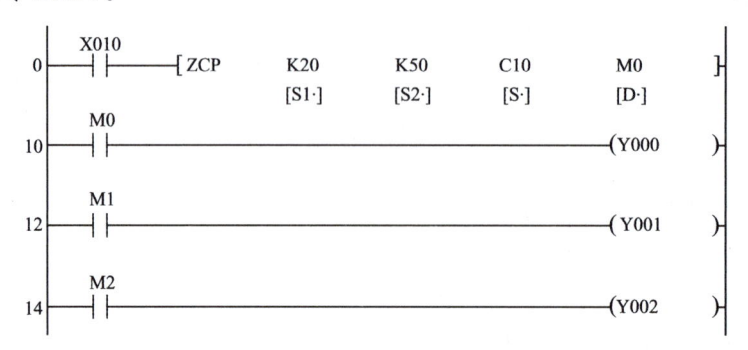

```
     X010
 0───┤├──────[ZCP    K20      K50      C10      M0  ]
                    [S1·]    [S2·]    [S·]     [D·]
     M0
10───┤├────────────────────────────────────────(Y000)
     M1
12───┤├────────────────────────────────────────(Y001)
     M2
14───┤├────────────────────────────────────────(Y002)
```

图 4-24　区间比较指令的应用

2. 区间复位指令 ZRST(FNC40)

区间复位指令 ZRST(Zone Rest)也叫成批复位指令，是将目标元件[D1·]、[D2·]指定的元件编号范围内的同类元件成批复位，目标操作数可取 T、C 和 D(字元件)或 Y、M 和 S(位元件)。[D1·]和[D2·]应为同一类元件，[D1·]的元件编号应小于[D2·]的元件编号。如果[D1·]的元件编号大于[D2·]的元件编号，则只有[D1·]指定的元件被复位。区间复位为 16 位处理指令，但可以在[D1·]、[D2·]中指定 32 位计数器，且二者位数必须相同。

区间复位指令的助记符、指令代码、操作数、程序步见表 4-17。

表 4-17　区间复位指令的助记符、指令代码、操作数、程序步

指令名称	助记符	指令代码	操作数		程序步
			[D1·]	[D2·]	
区间复位	ZRST	FNC40	Y、M、S、T、C、D ([D1·]≤[D2·])		ZRST 为 5 步

指令使用说明：

如图 4-25 所示，当 M8002 为 ON 时，区间复位指令执行，位元件 M0～M20 被成批复位，字元件 D0～D30 被成批复位。

```
     M8002
 0───┤├──────────────────[ZRST    M0       M20 ]
                                 [D1·]    [D2·]

                         [ZRST    D0       D30 ]
                                 [D1·]    [D2·]
```

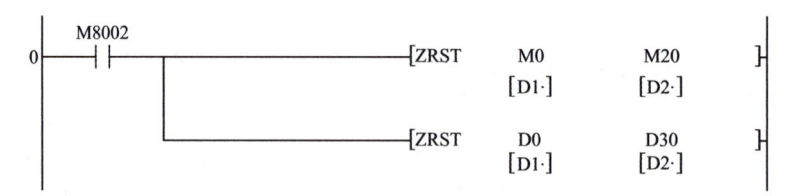

图 4-25　区间复位指令的应用

4.4.3　任务实施

任务要求每 15 min 为一个设定单位，即 24 h 共有 96 个计时单位。设置 SA1 为启停

开关,SA2 为 15 min 快速调整开关,每 10 ms(特殊辅助继电器 M8011)调整数加一个计时单位,SA3 为设定计时单位个数调整开关,每 100 ms(特殊辅助继电器 M8012)调整数加一个计时单位,各时间点 6:30、9:00、17:00、18:00 和 22:00 分别用十进制常数 K26、K36、K68、K72、K88 表示。

1. 输入点、输出点的分配

输入点、输出点的分配见表 4-18。

表 4-18　　　　　　　　　输入点、输出点的分配 4

输入点		输出点	
名称	输入点编号	名称	输出点编号
启停开关 SA1	X0	闹钟	Y0
15 min 快速调整开关 SA2	X1	报警监控	Y1
计时单位个数调整开关 SA3	X2	住宅照明	Y2

2. 程序设计

梯形图如 4-26 所示。

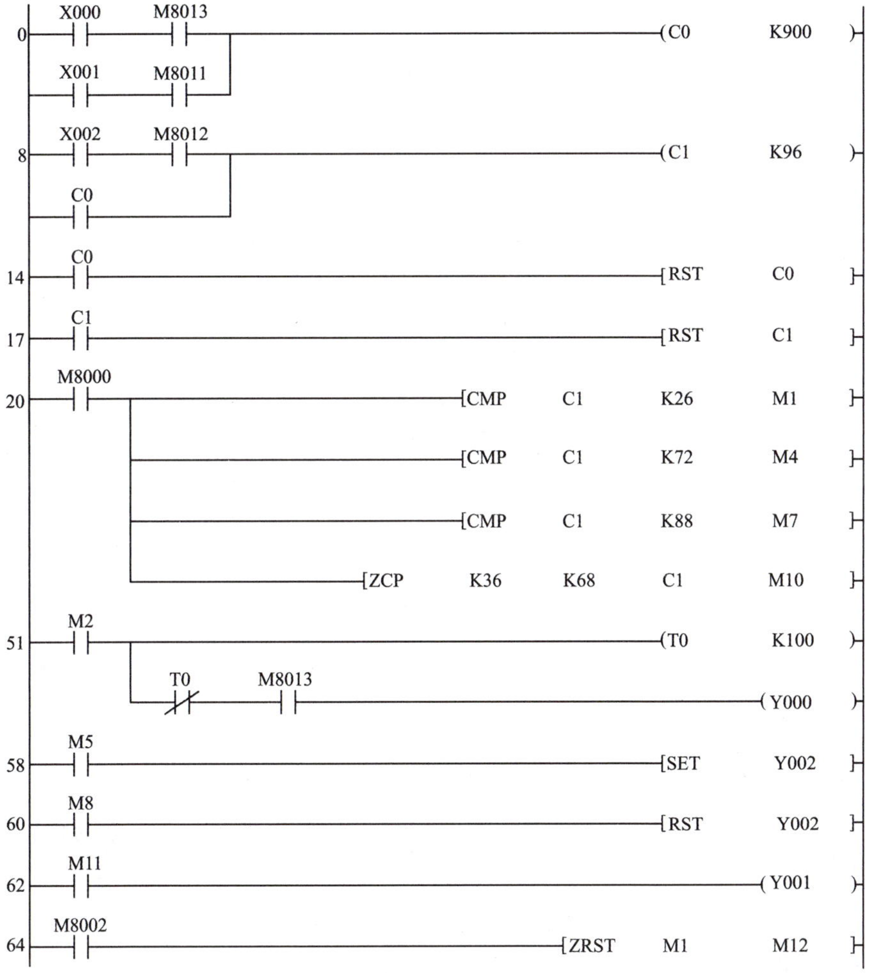

图 4-26　简易时钟控制器梯形图

程序调试:

(1) X0~X2 外接 3 个自锁开关,输出用 3 个指示灯表示。

(2) 输入简易时钟控制器梯形图(图 4-26 所示)。

(3) 分别按下 X1、X2 调整开关,快速调整时间,观察输出情况。

(4) 在 0:00 点时,按下 X0,启动时钟控制器。

3. 任务考核

(1) 按照任务要求完成 I/O 分配表。

(2) 按照任务要求编制程序。

(3) 设计 PLC 接线电路并完成接线。

(4) 输入程序进行调试。

考核要求及评分标准见表 4-19。

操作者自行接好线,检查无误后再通电运行,观察程序运行情况是否符合要求。

表 4-19　　　　　　　　　考核要求及评分标准 4

序号	项目	配分	评分标准	得分
1	I/O 分配表	10	每错一处扣 2 分	
2	PLC 接线	10	每错一处扣 2 分	
3	梯形图	20	每错一处扣 2 分	
4	指令表	10	每错一处扣 2 分	
5	程序输入	20	1. 操作不熟练,不会使用删除、插入、修改、监控方法扣 5~20 分 2. 不会调试扣 5~20 分	
6	运行	20	1. 早晨不响铃扣 5 分 2. 无报警系统扣 5 分 3. 不能打开照明扣 5 分 4. 不能关闭照明扣 5 分	
7	安全文明操作	10	违反操作规程扣 2~10 分,发生严重安全事故扣 10 分	
开始时间:			结束时间:	

想一想?

(1) 设计闹钟,每天早晨 6:00 提醒你按时起床。

(2) 试设计城市路灯控制器,要求 18:00 点亮路灯,早晨 6:00 熄灭路灯。

能力训练 4

1. 功能指令有哪些使用要素?各要素的使用意义是什么?

2. MOV 指令前的"D"、MOV 指令后的"P"分别表示什么?该指令的功能是什么?DMOVP 指令占多少程序步?

3. 说明变址寄存器 V 和 Z 的作用。当 V=10 时,说明下列符号的含义:K20V,D5V,Y10V,K4X5V。

4. 利用传送指令,试改变计数器、定时器的设定值。画出梯形图,并上机调试程序。

要求如下:

(1)写出 I/O 分配表。

(2)绘制 PLC 外部接线图。

(3)编制程序,并进行调试。

5. 设计一段程序,当输入条件为 X1＝ON 时,依次将计数器 C0~C9 的当前值转换成 BCD 码,并传送到输出元件 K4Y0 中输出。

6. 设计一段程序,当 X0＝ON 时,经 3 s 延时后,第一盏灯亮;再 3 s 后,第二盏灯亮;再 3 s 后,灯全熄灭。然后再循环以上动作。

7. 按一定要求点亮灯 L1~L8,程序运行时,首先点亮灯 L1、L3、L5、L7,延时 5 s 后点亮灯 L2、L4、L6、L8,同时灯 L1、L3、L5、L7 熄灭,如此循环往复。

要求如下:

(1)写出 I/O 分配表。

(2)绘制 PLC 外部接线图。

(3)编制程序,并进行调试。

8. 某广告灯箱内的 8 盏灯 EL1~EL8 接于 Y0~Y7,当 X0 输入为 ON 时,灯 EL1~EL8 正序每隔 1 s 轮流点亮,当 EL8 亮后,停 2 s;然后灯 EL8~EL1 反序每隔 1 s 轮流熄灭;全部熄灭后,延时 10 s,再次点亮,循环运行。使用传送指令、比较指令完成上述控制。

9. 三台交流电动机相隔 6 s 顺序启动,全部启动后,延时 10 s;然后反序相隔 5 s 顺序停止;全部停止后,延时 10 s,再次启动,循环运行。

单元 5 数据应用指令及其应用

学习目标

* 掌握数据应用指令的作用
* 掌握数据应用指令的应用技巧
* 会用数据应用指令编制程序

任务 5.1 电梯楼层显示控制

技能点

◆ 掌握数据处理类指令的作用
◆ 会应用掌握数据处理类指令编制程序
◆ 掌握七段数码管显示的控制方法

5.1.1 任务描述

现代生活中电梯的应用越来越多,当你乘坐电梯时,在轿厢内外都能看到当时电梯所在的楼层数,电梯的楼层显示是如何实现的呢?现在我们来研究用PLC控制的电梯楼层显示。

5.1.2 相关知识

电梯楼层通常用七段数码管显示,如图 5-1 所示。

1. 解码指令 DECO(FNC41)

解码指令 DECO(Decode),相当于数字电路中译码电路的作用,解码指令的助记符、指令代码、操作数、程序步见表 5-1。解码指令的用法有两种。

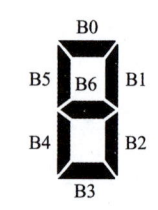

图 5-1 七段数码管

表 5-1 解码指令的助记符、指令代码、操作数、程序步

指令名称	助记符	指令代码	操作数			程序步
			[S·]	[D·]	n	
解码	DECO(P)	FNC41	K、H、Y、M、S、T、C、D、V、Z	Y、M、S、T、C、D	K、H $n=1\sim 8$	DECO、DECOP 为7步

单元 5　数据应用指令及其应用　115

(1) 目标元件为位元件时，如图 5-2 所示。若以 [S·] 为首地址的 n 位连续的位元件所表示的十进制码值为 N，则解码指令把以 [D·] 为首地址的目标元件的第 n 位（不含目标元件位本身）置"1"，其他位置"0"。

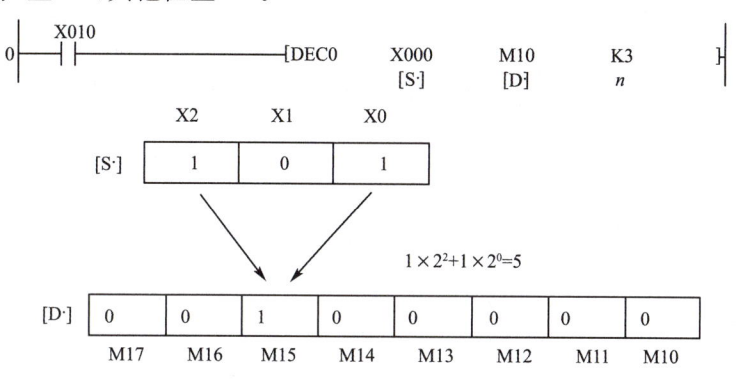

图 5-2　解码指令（目标元件为位元件时）

图 5-2 中的源数据与解码值的对应关系见表 5-2。源数据 $N=1+4=5$，则从 M10 开始的第 5 位 M15 为"1"。当源数据 $N=0$，则第 0 位（M10）为"1"。

$n=0$ 时，程序不执行；n 是 0~8 之外的数据时，出现运算错误。$n=8$ 时，[D·] 的位数为 $2^8=256$。驱动输入 X010 为 OFF 时，不执行指令，上一次解码输出置"1"的位保持不变。

表 5-2　源数据与解码值的对应关系

[S·]			[D·]							
X2	X1	X0	M17	M16	M15	M14	M13	M12	M11	M10
0	0	0	0	0	0	0	0	0	0	1
0	0	1	0	0	0	0	0	0	1	0
0	1	0	0	0	0	0	0	1	0	0
0	1	1	0	0	0	0	1	0	0	0
1	0	0	0	0	0	1	0	0	0	0
1	0	1	0	0	1	0	0	0	0	0
1	1	0	0	1	0	0	0	0	0	0
1	1	1	1	0	0	0	0	0	0	0

(2) 当目标元件是字元件时，$n \leqslant 4$，目标元件每一位都受控。若以 [S·] 所指定字元件的低 n 位所表示的十进制码为 N，则解码指令把以 [D·] 所指定目标字元件的第 N 位（不含最低位）置"1"，其他位置"0"。如图 5-3 所示，源数据 $N=1+2=3$ 时，D1 的第 3 位为"1"。当源数据为 0 时，D1 的第 0 位为"1"。若 $n=0$ 时，程序不执行；n 是 0~4 之外的数据时，出现运算错误。若 $n=4$ 时，[D·] 的位数为 $2^4=16$。驱动输入 X010 为 OFF 时，不执行指令，上一次解码输出置"1"的位保持不变。

若指令是连续执行型，则在每个扫描周期都会执行一次。

2. 编码指令 ENCO(FNC42)

编码指令 ENCO(Encode)，相当于数字电路中编码电路的功能，只有 16 位运算。编码指令的助记符、指令代码、操作数、程序步见表 5-3。与解码指令 DECO 一样，编码指令 ENCO 也有两种用法。

```
    X010
0 ───┤ ├───────────────[DEC0   D0      D1      K3 ]
                              [S·]    [D·]    n
```

```
[S·]  | 0 | 1 | 0 | 1 | 0 | 1 | 0 | 1 | 0 | 1 | 0 | 1 | 0 | 1 | 1 | 1 |

                                                   $1×2^1+1×2^0=3$
[D·]  | 0 | 0 | 0 | 0 | 0 | 0 | 0 | 0 | 0 | 0 | 0 | 0 | 1 | 0 | 0 | 0 |
```

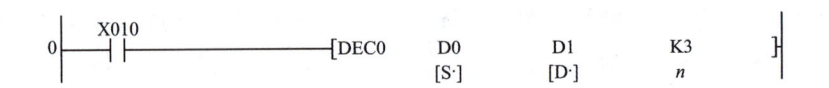

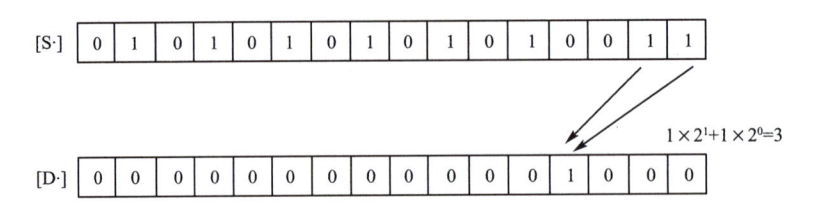

图 5-3　解码指令（目标元件为字元件时）

表 5-3　　　　编码指令的助记符、指令代码、操作数、程序步

指令名称	助记符	指令代码	操作数			程序步
			[S·]	[D·]	n	
编码	ENCO(P)	FNC42	X、Y、M、S、T、C、D、V、Z	T、C、D、V、Z	K、H $n=1\sim 8$	ENCO、ENCOP 为 7 步

(1) 当 [S·] 是位元件时，应使 $n\leqslant 8$，在以 [S·] 为首地址、长度为 2^n 的位元件中，最高置"1"的位置被存放到目标元件 [D·] 所指定的元件中去，目标元件 [D·] 中数值的范围由 n 确定。如图 5-4 所示，源元件的长度为 $2^n=8$ 位（M10～M17），其最高置"1"位是 M15，即第 5 位。将 3 进行二进制转换，则 D10 的低 3 位为 101。

```
    X010
0 ───┤ ├───────────────[ENCO   M10     D10     K3 ]
                              [S·]    [D·]    n
```

```
[S·]  | 0 | 0 | 1 | 0 | 0 | 0 | 0 | 0 |
       M17 M16 M15 M14 M13 M12 M11 M10

[D·]  | 0 | 0 | 0 | 0 | 0 | 0 | 0 | 0 | 0 | 0 | 0 | 0 | 0 | 1 | 0 | 1 |
```

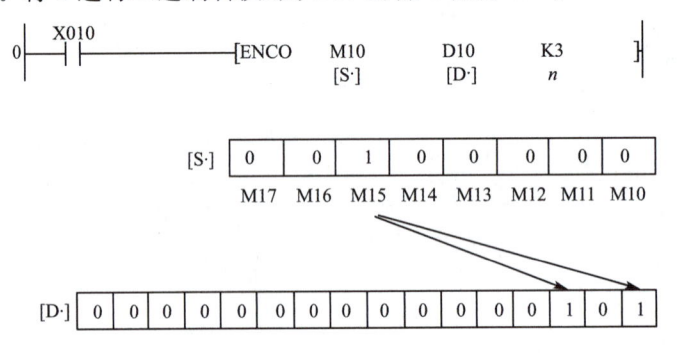

图 5-4　编码指令（[S·] 为位元件时）

当源数据的第一个（第 0 位）位元件为"1"时，则 [D·] 中存放 0。当源数据中无"1"时，出现运算错误。

$n=0$ 时，程序不执行；n 是 0～8 之外的数据时，出现运算错误。$n=8$ 时，[S·] 位数为 $2^8=256$。驱动输入 X010 为 OFF 时，不执行指令，上次编码输出保持不变。

(2) 当 [S·] 为字元件时，应使 $n\leqslant 4$。可做同样的分析，如图 5-5 所示。

[S·] 内的多个位为"1"时，只有最高位的 1 有效，若指令源操作数中的所有位均为 0，则出错。若指令采用连续执行方式，则在每个扫描周期都会执行一次。

【例 5-1】　由 16 盏灯组合成一个环形装饰，任何时候只点亮一盏灯，按下按钮 X1 时，原灯熄灭，其左边的灯点亮，按下按钮 X2 时，原灯熄灭，其右边的灯点亮，试设计控制梯形图。

解： 控制梯形图如图 5-6 所示。

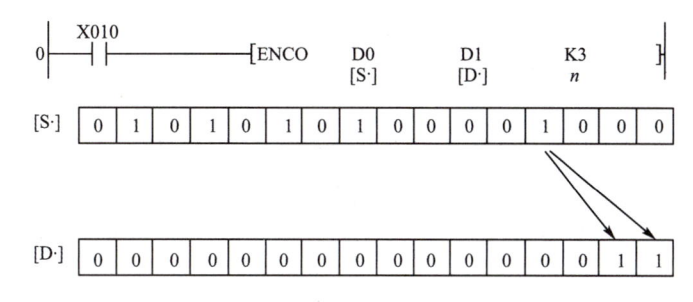

图 5-5　编码指令（[S·]为字元件时）

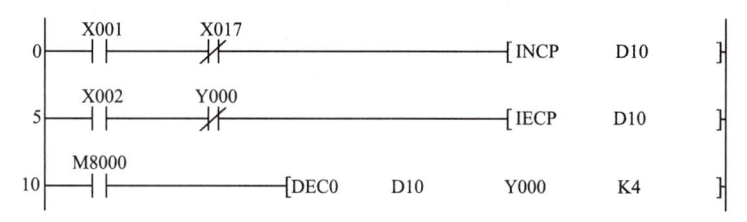

图 5-6　环形装饰灯控制梯形图

3. 七段译码指令 SEGD(FNC73)

七段译码指令 SEGD(Seven Segment Decoder)，将源操作数[S·]指定元件的低 4 位中的十六进制数（0～F）译码后送给七段数码管显示器显示，译码信号存于目标元件[D·]指定的元件中，输出时要占用七个输出点。目标元件[D·]中的高 8 位保持不变。七段译码指令的助记符、指令代码、操作数、程序步见表 5-4，译码表见表 5-5。

表 5-4　七段译码指令的助记符、指令代码、操作数、程序步

指令名称	助记符	指令代码	操作数 [S·]	操作数 [D·]	程序步
七段译码	SEGD(P)	FNC73	K、H、KnX、KnY、KnM、KnS、T、C、D、V、Z	KnX、KnY、KnM、KnS、T、C、D、V、Z	SEGD、SEGDP 为 5 步

表 5-5　译码表

[S·] 十进制	[S·] 二进制	七段数码	[D·] B7	B6	B5	B4	B3	B2	B1	B0	数据显示
0	0000		0	0	1	1	1	1	1	1	0
1	0001		0	0	0	0	0	1	1	0	1
2	0010		0	1	0	1	1	0	1	1	2
3	0011		0	1	0	0	1	1	1	1	3
4	0100		0	1	1	0	0	1	1	0	4
5	0101		0	1	1	0	1	1	0	1	5
6	0110		0	1	1	1	1	1	0	1	6
7	0111		0	0	1	0	0	1	1	1	7
8	1000		0	1	1	1	1	1	1	1	8
9	1001		0	1	1	0	1	1	1	1	9
10	1010		0	1	1	1	0	1	1	1	A
11	1011		0	1	1	1	1	1	0	0	b
12	1100		0	0	0	1	1	1	0	1	C
13	1101		0	1	0	1	1	1	1	0	d
14	1110		0	1	1	1	1	0	0	1	E
15	1111		0	1	1	1	0	0	0	1	F

指令使用说明：

如图 5-7 所示，七段数码管显示器的 B0~B6 分别对应 [D·] 中的第 0 位到第 6 位，[D·] 中为"1"的位对应的段码点亮，为"0"的位对应的段码不亮。例如，显示的数字"6"，则段 B0、B2、B3、B4、B5、B6 均为"1"，其余段为"0"。

```
  X000
0──┤├──────────────[SEGD   D0     K2Y000 ]─
                           [S·]    [D·]
```

图 5-7 七段译码指令

4. 带锁存的七段显示指令 SEGL(FNC74)

带锁存的七段显示指令 SEGL(Seven Segment With Latch)，是用于控制一组或两组带锁存的七段数码管显示器的指令，源操作数可以选所有数据类型，目标操作数为 Y，只有 16 位运算，$n=0 \sim 7$。带锁存的七段显示指令的助记符、指令代码、操作数、程序步见表 5-6。

表 5-6　　带锁存的七段显示指令的助记符、指令代码、操作数、程序步

指令名称	助记符	指令代码	操作数			程序步
			[S·]	[D·]	n	
带锁存的七段显示	SEGL	FNC74	K、H、KnX、KnY、KnM、KnS、T、C、D、V、Z	Y	K、H	SEGL 为 7 步

带锁存的七段显示指令，用 12 个扫描周期显示一组或两组 4 位数据，占用 8 个或 12 个晶体管输出点，完成 4 位显示后，标志 M8029 置"1"。PLC 的扫描周期应大于 10 ms，若小于 10 ms，应使用恒定扫描方式。七段数码管显示器与 PLC 的连接如图 5-8 所示。

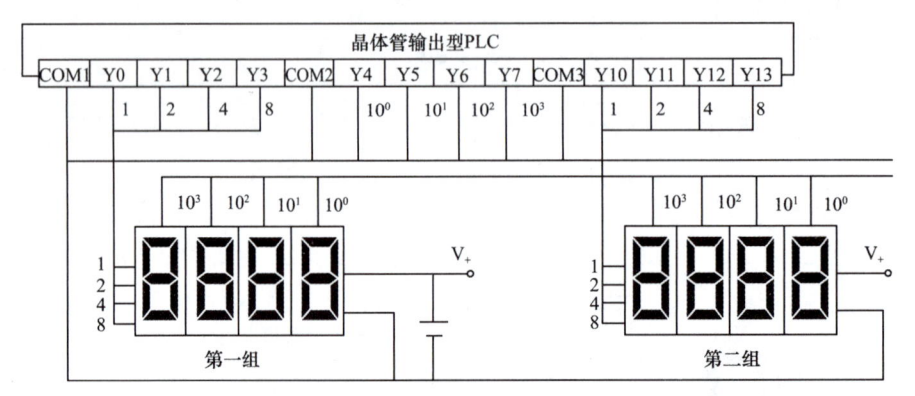

图 5-8 七段数码管显示器与 PLC 的连接

数据的传送和选通在一组和两组时的情况不同，指令使用说明如图 5-9 所示。当 $n=0 \sim 3$ 时，为一组 4 位数据显示，源操作数 [S·] 指定的元件 D0 中的二进制数转换成 BCD 码(0~9 999)，各位依次送到 Y0~Y3，Y4~Y7 为选通信号；当 $n=4 \sim 7$ 时，为两组 4 位数据显示，源操作数 [S·] 指定的元件 D0 中的二进制数转换成 BCD 码后各位依次送到 Y0~Y3，D1 中的二进制数转换成 BCD 码后各位依次送到 Y10~Y13，Y4~Y7 为选通信号，D0、D1 的数据范围为 0~9 999。

```
        X000
0 ──────┤├──────────────[SEGL    D0        Y000      K0    ]
                         [S·]    [D·]               n
```

图 5-9　带锁存的七段显示指令

指令的执行条件为 ON 时，指令反复执行，若执行条件变为 OFF，则立即停止执行。

5. 方向开关指令 ARWS(FNC75)

方向开关指令 ARWS(Arrow Switch)，用于方向开关的输入和显示。方向开关指令的助记符、指令代码、操作数、程序步见表 5-7。

表 5-7　方向开关指令的助记符、指令代码、操作数、程序步

指令名称	助记符	指令代码	操作数				程序步
			[S·]	[D1·]	[D2·]	n	
方向开关	ARWS	FNC75	X、Y、M、S (4 个连号元件)	T、C、D、V、Z	Y (8 个连号元件)	K、H	ARWS 为 9 步

用方向开关(4 个按钮)来输入 4 位 BCD 数据，用带锁存的七段数码管显示器来显示当前设置的数值。方向开关指令使用说明如图 5-10 所示，用于方向开关的输入与显示接线如图 5-11 所示。

```
        X000
0 ──────┤├──────────────[ARWS    X010     D0       Y000      K0    ]
                         [S·]    [D1·]    [D2·]             n
```

图 5-10　方向开关指令

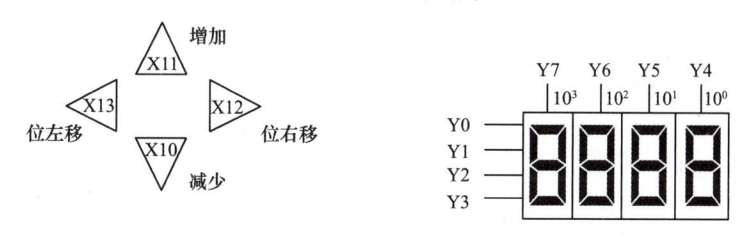

图 5-11　用于方向开关的输入与显示

移位按钮用来移动输入和显示的位，增加键和减少键用来修改该位的数据，图 5-10 中，D0 中存放的是 16 位数据，但为了方便以 BCD 码表示(0~9 999)。当 X0 为 ON 时，指定的最高位，每按一次右移键，指定的位往右移动一位，即 10^3 位→10^2 位→10^1 位→10^0 位→10^3 位；按一次左移键，则指定位往左移动一位，即 10^3 位→10^0 位→10^1 位→10^2 位→10^3 位。指定位由接到显示器的选通信号(Y4~Y7)上的 LED 来确认，指定位的数值可由增加键和减少键来修改，当前值由七段数码管显示器显示。

利用方向开关指令 ARWS，可将需要的数据写入 D0，并在七段数码管显示器上监视所写入的数据，n 的选择与带锁存的七段显示指令 SEGL 相同。方向开关指令 ARWS 在程序中只能用一次，且必须用晶体管输出型 PLC。

6. 置 1 位总数与置 1 位判别指令

(1) 置 1 位总数指令 SUM(FNC43)

置 1 位总数指令 SUM，是用来统计源操作数 [S·] 指定元件中置 "1" 位数的个数，结果存入目标寄存器 [D·] 指定的元件中。置 "1" 位总数指令的助记符、指令代码、操作数、程序步见表 5-8。

表 5-8　置 "1" 位总数指令的助记符、指令代码、操作数、程序步

指令名称	助记符	指令代码	操作数		程序步
			[S·]	[D·]	
置 "1" 位总数	SUM(P)	FNC43	K、H、KnX、KnY、KnM、KnS、T、C、D、V、Z	KnY、KnM、KnS、T、C、D、V、Z	SUM,SUMP 为 7 步

指令使用说明：

如图 5-12 所示，当 X000 为 ON 时，置 1 位总数指令 SUM 执行，将源操作数 [S·] 指定的元件 D10 中为 "1" 的位的总数存入目标操作数 [D·] 指定的元件 D12 中，若 D10 中没有为 "1" 的位，即 D10 = 0，则零标志 M8020 置 1。

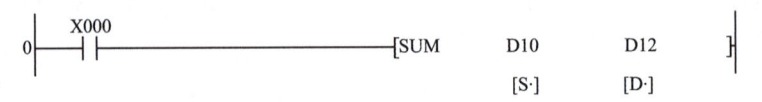

```
    X000
0 ──┤ ├──────────────────[SUM   D10   D12 ]
                                [S·]  [D·]
```

图 5-12　置 1 位总数指令

(2) 置 1 位判别指令 BON(FNC44)

置 1 位判别指令 BON(Bit On Check)，是用来检测源操作数 [S·] 指定元件的第 n 位数据是否为 "1"，并将结果存入目标操作数 [D·] 指定的元件中。置 1 位判别指令的助记符、指令代码、操作数、程序步见表 5-9。

表 5-9　置 1 位判别指令的助记符、指令代码、操作数、程序步

指令名称	助记符	指令代码	操作数			程序步
			[S·]	[D·]	n	
置 1 位判别	BON(P)	FNC44	K、H、KnX、KnY、KnM、KnS、T、C、D、V、Z	Y、S、M	K、H	BON,BONP 为 7 步

指令使用说明：

如图 5-13 所示，当 X000 为 ON 时，如果源操作数 [S·] 指定的元件 D0 中的第 15 位（$n=15$）为 ON，即 "1"，则目标操作数指定元件 M0 为 ON，即 M0 为 "1"，反之 M0 为 OFF。

```
    X000
0 ──┤ ├──────────────────[BON   D0    M0    K15 ]
                                [S·]  [D·]   n
```

图 5-13　置 1 位判别指令

7. 报警器置位与复位指令

在应用报警器置位与复位指令时，状态标志 S0～S9999 用作外部故障诊断的输出称

为信号报警器。

(1) 报警器置位指令 ANS(FNC46)

报警器置位指令 ANS(Annunciator Set)的源操作数为 T0～T199,目标操作数为 S900～S999,$n=1$～3 276(定时器以 100 ms 为定时单位的设定值)。报警器置位指令的助记符、指令代码、操作数、程序步见表 5-10。

表 5-10 报警器置位指令的助记符、指令代码、操作数、程序步

指令名称	助记符	指令代码	操作数			程序步
			[S·]	[D·]	n	
报警器置位	ANS	FNC46	T (T0～T199)	S (S900～S999)	K (1～3 276)	ANS 为 7 步

指令使用说明:

如图 5-14 所示,图中 M8000 一直为 ON,使 M8049 的线圈一直通电,特殊数据寄存器 D8049 的监视功能有效,D8049 用来存放 S900～S999 中处于活动状态且元件号最小的状态继电器的元件号。

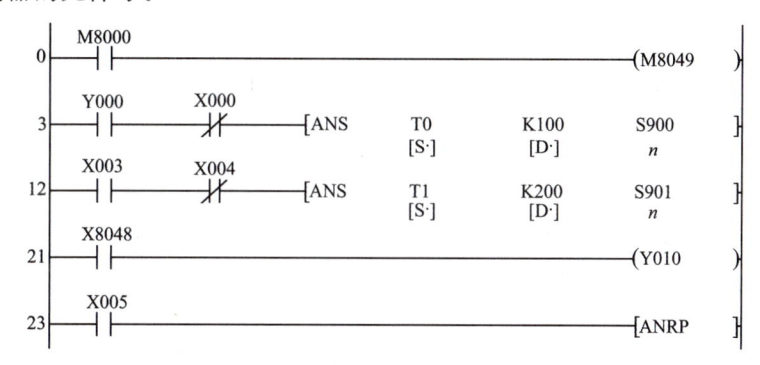

图 5-14 报警器置位与复位指令

信号报警器用来表示错误条件或故障条件,图 5-14 中第一条报警器置位指令 ANS 可以实现如下功能:在驱动工作台前进的输出继电器 Y000 变为 ON 后,定时器 T0 开始计时,如果检测前进的限位开关 X000 在 10 s 内未动作,S900 变为 ON。第二条报警器置位指令 ANS 中的 X003 为 ON,表示工作在连续运行状态,循环周期小于定时器 T1 的设定时间 20 s,如果 20 s 内限位开关 X004 动作,说明系统出现故障。

如果 S900～S999 中任意一个的状态为 ON,特殊辅助继电器 M8048 为 ON,则指示故障的输出继电器 Y010 变为 ON。

如果图 5-14 中第一条报警器置位指令 ANS 的输入电路断开,计时器 T0 复位,则状态继电器 S900 仍保持为 ON。

(2) 报警器复位指令 ANR(FNC47)

报警器复位指令 ANR(Annunciator Reset)无操作数,用于故障诊断的状态继电器复位,图 5-14 中,每按一次故障复位按钮 X005,系统就按元件号递增的顺序将一个故障报警器状态复位。

发生某一故障时,对应的报警器状态为 ON,如果同时发生多个故障,D8049 中存放

的是 S900～S999 中地址最低的被置位的报警器的元件号。将其复位后，D8049 中存放的是下一个地址最低的被置位的报警器的元件号。

8. 二进制平方根指令 SQR(FNC48)

二进制平方根指令 SQR(Square Root)，是将源操作数[S·]中的数开平方，运算结果舍去小数，整数部分存于目标元件[D·]中，源操作数[S·]中的数应大于零。舍去小数时，借位标志 M8021 为 ON，若运算结果为零，零标志 M8020 为 ON。二进制平方根指令的助记符、指令代码、操作数、程序步见表 5-11。

表 5-11 二进制平方根指令的助记符、指令代码、操作数、程序步

指令名称	助记符	指令代码	操作数		程序步
			[S·]	[D·]	
二进制平方根	SQR(P)	FNC48	K、H、D	D	SQR、SQRP 为 5 步

指令使用说明：

如图 5-15 所示，源操作数为整数时，将自动转换为浮点数，如果源操作数为负数，运算错误标志 M8067 为 ON，指令不执行。

```
    X010
0───┤ ├──────[SQR    D0      D2  ]        √D0  →  D2
                    [S·]    [D·]
```

图 5-15 二进制平方根指令

9. 平均值指令 MEAN(FNC45)

平均值指令 MEAN，是将由源操作数[S·]指定元件开始的 n 个源操作数的代数和被 n 除的商，舍去余数后存入目标元件[D·]中。平均值指令的助记符、指令代码、操作数、程序步见表 5-12。

表 5-12 平均值指令的助记符、指令代码、操作数、程序步

指令名称	助记符	指令代码	操作数			程序步
			[S·]	[D·]	n	
平均值	MEAN(P)	FNC45	KnX、KnY、KnM、KnS、T、C、D	KnY、KnM、KnS、T、C、D、V、Z	K、H	MEAN、MEANP 为 7 步

指令使用说明：

如图 5-16 所示，若指定元件的区域超出元件号允许的范围，n 的值会自动缩小，只求允许范围内元件的平均值，当 $n=0$ 或 $n>46$ 时，则发生错误。

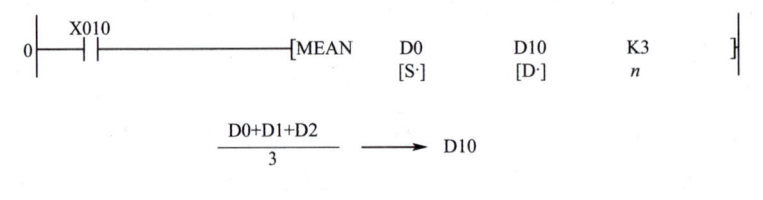

```
    X010
0───┤ ├──────[MEAN   D0      D10     K3  ]
                    [S·]    [D·]     n
```

$$\frac{D0+D1+D2}{3} \longrightarrow D10$$

图 5-16 平均值指令

10. 浮点数转换指令 FLT(FNC49)

浮点数转换指令 FLT(Floating Point),是将源操作数[S·]指定的元件中的二进制数转换为二进制浮点数,结果存入目标元件[D·]中。浮点数转换指令的助记符、指令代码、操作数、程序步见表 5-13。

表 5-13　　　　　　浮点数转换指令的助记符、指令代码、操作数、程序步

指令名称	助记符	指令代码	操作数		程序步
			[S·]	[D·]	
浮点数转换	FLT(P)	FNC49	D	D	FLT、FLTP 为 5 步

指令使用说明:

如图 5-17 所示,当 X002 为 ON 时,且浮点数标志 M8023 为 OFF 时,将存放在源操作数 D10 中的数据转换为浮点数,并将结果存放在目标寄存器 D13 和 D12 中。浮点数标志 M8023 为 ON 时,将把浮点数转换为整数。

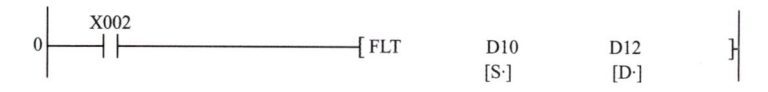

```
  X002
0─┤├──────────────[FLT  D10   D12 ]
                       [S·]  [D·]
```

图 5-17　浮点数转换指令

常数 K、H 在浮点运算中自动转换,不在浮点数转换指令 FLT 中处理。用于浮点数的目标操作数为双整数,源操作数可以是整数或双整数。

5.1.3 任务实施

假设电梯为六层,1~6 层设置的位置传感器分别为 S1~S6,电梯轿厢到达各层楼时,相应的位置传感器动作,与其相连的输入继电器为 ON。

1. 输入点、输出点的分配

输入点、输出点的分配见表 5-14。

表 5-14　　　　　　　　　输入点、输出点的分配 1

输入点		输出点
名称	输入点信号	
位置传感器 S1	X1	B0
位置传感器 S2	X2	B5 B6 B1
位置传感器 S3	X3	B4 B2
位置传感器 S4	X4	B3
位置传感器 S5	X5	
位置传感器 S6	X6	

2. 程序设计及调试

使用编码指令将楼层数据编码,通过七段数码管显示器显示楼层数,楼层显示控制梯

形图如图 5-18 所示。

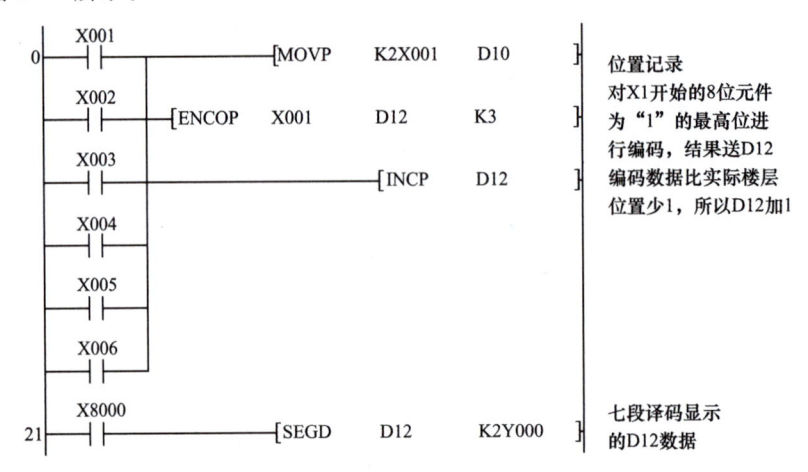

```
 0  ├─X001─┬──────────────────[MOVP   K2X001   D10 ]     位置记录
         │                                              对X1开始的8位元件
    ├─X002─┤                                            为"1"的最高位进
         │ └────────[ENCOP   X001   D12   K3 ]          行编码,结果送D12
    ├─X003─┤                                            编码数据比实际楼层
         │              └────────────[INCP   D12 ]      位置少1,所以D12加1
    ├─X004─┤
         │
    ├─X005─┤
         │
    └─X006─┘
                                                       七段译码显示
 21 ├─X8000─────────────[SEGD   D12   K2Y000 ]          的D12数据
```

图 5-18　楼层显示控制梯形图

程序调试：

用 X1~X6 分别模拟楼层号，观察七段数码管显示器显示情况，若显示楼层与输入楼层号不同，则修改程序。

3. 任务考核

(1) 按照任务要求完成 I/O 分配表。

(2) 按照任务要求编制程序。

(3) 设计 PLC 接线电路并完成接线。

(4) 输入程序进行调试。

考核要求及评分标准见表 5-15。

操作者自行接好线，检查无误后再通电运行，观察数码管显示情况是否符合要求。

表 5-15　　　　　　　　考核要求及评分标准 1

序号	项目	配分	评分标准	得分
1	I/O 分配表	10	每错一处扣 2 分	
2	PLC 接线图	10	每错一处扣 2 分	
3	梯形图	20	每错一处扣 2 分	
4	指令表	10	每错一处扣 2 分	
5	程序输入	20	1. 操作不熟练,不会使用删除、插入、修改、监控方法扣 5~20 分 2. 不会调试扣 5~20 分	
6	运行	20	数码管显示不正确扣 20 分	
7	安全文明操作	10	违反操作规程扣 2~10 分,发生严重安全事故扣 10 分	
开始时间：			结束时间：	

想一想？

七段译码指令与带锁存的七段显示指令在使用方面有什么不同？

任务 5.2　外部置数计数器

技能点
◆ 掌握其他传送比较类指令的功能
◆ 会利用传送比较类指令实现数据的输入与信号的处理

5.2.1　任务描述

在一些工业控制中,有时需要计数器能在程序外由操作人员根据工作要求临时设定,这就需要一种外置计数器。例如:用二位拨码开关,可以设定 0～99 的数值,当计数器的当前值与通过拨码开关设定的数值相等时,则驱动工作设备。应注意的是,拨码开关送入的数为 BCD 码,要用二进制转换指令进行数制的转换。

5.2.2　相关知识

1. BIN 变换指令(FNC19)

BIN(Binary)变换指令,是将源操作数[S·]中的 BCD 码转换成二进制数后送到目标元件[D·]中,BIN 变换指令的助记符、指令代码、操作数、程序步见表 5-16。

表 5-16　　BIN 变换指令的助记符、指令代码、操作数、程序步

指令名称	助记符	指令代码	操作数 [S·]	操作数 [D·]	程序步
BIN 变换	BIN(P)	FNC19	T、C、D、KnX、KnY、KnM、KnS	T、C、D、KnY、KnM、KnS	BIN、BINP 为 5 步

指令使用说明:

如图 5-19 所示,当 X000 为 ON 时,将 D12 中 BCD 码用二进制数表示后送到 K2Y000 中,设 D12=(00100001)$_{BCD}$,变换为二进制为(10101)$_B$,表示十进制数为 21。执行 BIN 指令后,Y4、Y2、Y0 有输出。

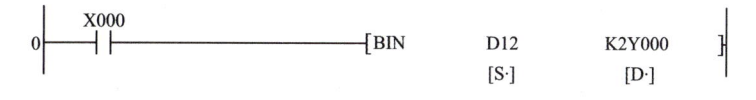

```
    X000
0───┤ ├──────────────[BIN    D12    K2Y000 ]
                            [S·]    [D·]
```

图 5-19　BIN 变换指令

BIN 变换指令,常用于将 BCD 数字拨码开关的设定值送入 PLC 中,如果源操作数元件中的数据不是 BCD 码将会出错。

2. BCD 变换指令(FNC18)

BCD(Binary Code to Decimal)变换指令,是将源操作数[S·]中的二进制数转换成 BCD 码,并送到目标元件[D·]中。BCD 变换指令的助记符、指令代码、操作数、程序步见表 5-17。

表 5-17　　　　BCD 变换指令的助记符、指令代码、操作数、程序步

指令名称	助记符	指令代码	操作数 [S·]	操作数 [D·]	程序步
BCD 变换	BCD(P)	FNC18	T、C、D、KnX、KnY、KnM、KnS	T、C、D、KnY、KnM、KnS	BCD、BCDP 为 5 步

指令使用说明：

如图 5-20 所示，当 X000 为 ON 时，D12 中的二进制数转换成 BCD 码后传送到 K2Y000 中，假设 D12 ＝（10101）$_B$，其十进制数为 21，转换成 BCD 码表示为（00100001）$_{BCD}$，传送到 K2Y000 中，即 Y5 和 Y0 有输出。

```
   X000
0──┤├──────────────[BCD    D12    K2Y000 ]
                         [S·]    [D·]
```

图 5-20　BCD 变换指令

PLC 内部的算数运算用二进制数进行，可以用 BCD 变换指令将二进制数变换为 BCD 码后输出驱动七段数码管显示。如果执行的变换（16 位操作）结果超出 0～9 999 会出错，如果执行的变换（32 位操作）结果超出 0～99 999 999 会出错。

3. 数据交换指令 XCH(FNC17)

数据交换指令 XCH(Exchange)，是将数据在指定的两个目标[D1·]和[D2·]之间进行数据交换。数据交换指令的助记符、指令代码、操作数、程序步见表 5-18。

表 5-18　　　　数据交换指令的助记符、指令代码、操作数、程序步

指令名称	助记符	指令代码	操作数 [D1·]	操作数 [D2·]	程序步
数据交换	XCH(P)	FNC17	T、C、D、KnY、KnM、KnS	T、C、D、KnY、KnM、KnS	XCH、XCHP 为 5 步

指令使用说明：

如图 5-21 所示，当 X000 为 ON 时，数值 K20 传到 D0 中，数值 K100 传到 D1 中；当 X001 为 ON 时，执行 XCH 指令后，D0 与 D1 中的数据交换，即 D0 和 D1 分别为数值 K100 和 K20。

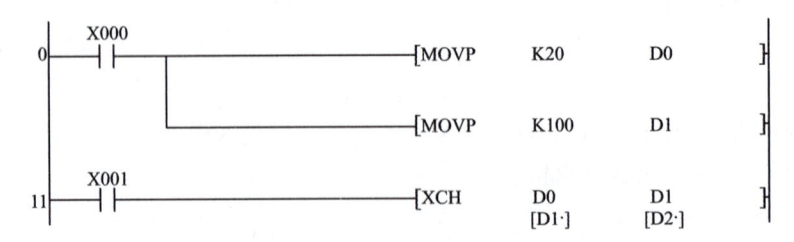

```
    X000
 0──┤├──────────────[MOVP   K20    D0   ]
    │
    └───────────────[MOVP   K100   D1   ]

    X001
11──┤├──────────────[XCH    D0     D1   ]
                          [D1·]  [D2·]
```

图 5-21　数据交换指令

数据交换指令一般采用脉冲执行方式，否则每一个扫描周期都将进行交换。M8160 为 ON 且[D1·]和[D2·]是同一元件时，将交换目标元件的高、低字节。

5.2.3 任务实施

两个拨码开关，一个为十位，一个为个位，首先将拨码开关连接到输入继电器 X0～X7，进行数值设置（若无拨码开关，可以用带自锁的按钮代替），计数脉冲可以用外部信号（信号发生器，也可以用内部特殊辅助继电器 M8011～M8013）产生。

1. 输入点、输出点的分配

输入点、输出点的分配见表 5-19。

表 5-19　　　　　　　　　　输入点、输出点的分配 2

输入点		输出点	
名称	输入点编号	名称	输出点编号
拨码开关第一位	X0～X3	工作设备	Y0
拨码开关第二位	X4～X7		
计数脉冲	X10		
启动开关	X11		
停止开关	X12		

2. 程序设计及调试

梯形图如图 5-22 所示。

```
         X011   X012
   0 ─────┤├─────┤/├──────────────────────────( M100 )
         M100
         ─┤├─

         M100   Y000   X010
   4 ─────┤├─────┤/├─────┤├────────────[ C0    K100 ]
         
         M100
  10 ─────┤/├─────────────────────────[ RST   C0 ]
                   │
                   └─────────────────[ RST   Y000 ]

         M8000
  14 ─────┤├──────────────────[ BIN   K2X000   K2M0 ]
                   │
                   └──────────[ CMP   C0   K2M0   M10 ]

         M11
  27 ─────┤├──────────────────────────────────( Y000 )
```

图 5-22　外置计数器梯形图

(1)如图 5-23 所示为本任务系统接线图,将拨码开关接到 X0~X7,分别设置数值,按下启动开关,观察 Y0 的输出情况。

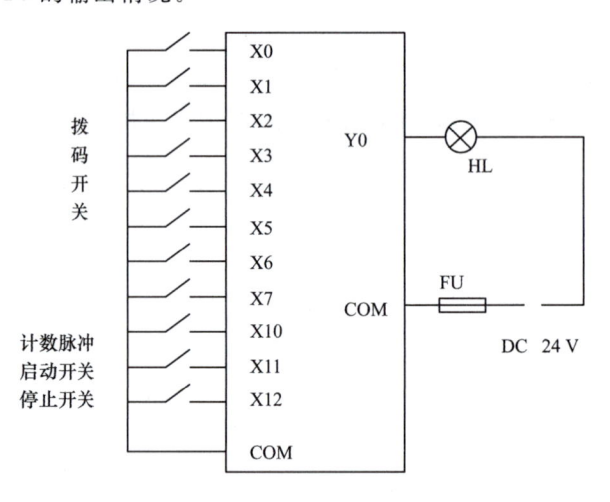

图 5-23 系统接线图

(2)改变拨码开关设置的数值,进一步理解程序功能。

3. 任务考核

(1)按照任务要求完成 I/O 分配表。
(2)按照任务要求编制程序。
(3)按照图 5-23 完成 PLC 系统接线,接好拨码开关。
(4)输入程序进行调试。

考核要求及评分标准见表 5-20。

操作者自行接好线,检查无误后再通电运行,观察程序运行情况是否符合要求。

表 5-20   考核要求及评分标准 2

序号	项目	配分	评分标准	得分
1	I/O 分配表	10	每错一处扣 2 分	
2	PLC 接线	10	每错一处扣 2 分	
3	梯形图	20	每错一处扣 2 分	
4	指令表	10	每错一处扣 2 分	
5	程序输入	20	1. 操作不熟练,不会使用删除、插入、修改、监控方法扣 5~20 分 2. 不会调试扣 5~20 分	
6	运行	20	运行不正确扣 20 分	
7	安全文明操作	10	违反操作规程扣 2~10 分,发生严重安全事故扣 10 分	
开始时间:			结束时间:	

想一想?

(1)如果用 3 位拨码开关,如何编制程序?
(2)计数脉冲如果用内部特殊辅助继电器 M8011~M8013 产生,如何编制程序?

任务 5.3　流水彩灯控制

技能点
- ◆ 掌握四则运算及逻辑运算指令的功能
- ◆ 会应用四则运算及逻辑运算指令编制程序

5.3.1　任务描述

一个由12盏彩灯组成的广告灯,要求正序由L1到L12每隔1s依次点亮直至全亮,反序由L12到L1每隔1s依次熄灭直至全灭,循环执行上述过程。

5.3.2　相关知识

1. 加1指令 INC(FNC24)

加1指令 INC(Increment),是指当满足执行条件时,源操作数[D·]指定元件中的二进制数加"1",并存入[D·]中。加1指令的助记符、指令代码、操作数、程序步见表5-21。

表5-21　　加1指令的助记符、指令代码、操作数、程序步

指令名称	助记符	指令代码	操作数 [D·]	程序步
加1	INC(P)	FNC24	T、C、D、V、Z、KnY、KnM、KnS	INC、INCP 为3步

指令使用说明:

如图5-24所示,当X002为ON时,D10中的二进制数自动加"1",并存入D10中。INC指令一般采用脉冲执行方式,否则每个扫描周期都加"1"。当为16位运算时,+32 767再加"1"则变为−32 768,但标志位不置位;当为32位运算时,+2 147 483 647再加"1"则变为−2 147 483 648,标志位也不置位。

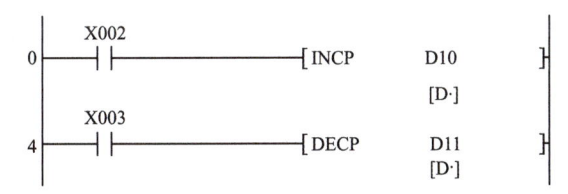

```
       X002
 0 ─────┤├──────────────[INCP   D10 ]
                                [D·]
       X003
 4 ─────┤├──────────────[DECP   D11 ]
                                [D·]
```

图5-24　加1和减1指令

2. 减1指令 DEC(FNC25)

减1指令 DEC(Decrement),是指当满足执行条件时,源操作数[D·]指定元件中的二进制数减"1",并存入[D·]中。减1指令的助记符、指令代码、操作数、程序步见表5-22。

表5-22　　减1指令的助记符、指令代码、操作数、程序步

指令名称	助记符	指令代码	操作数 [D·]	程序步
减1	DEC(P)	FNC25	T、C、D、V、Z、KnY、KnM、KnS	DEC、DECP 为3步

指令使用说明：

如图 5-24 所示，当 X003 为 ON 时，D11 中的二进制数自动减"1"，并存入 D11 中。DEC 指令一般采用脉冲执行方式，否则每个扫描周期都减"1"。当为 16 位运算时，-32 768 再减"1"则变为+32 767，但标志位不置位；当为 32 位运算时，-2 147 483 648 再减"1"则变为+2 147 483 647，标志位也不置位。

【例 5-2】 花式喷泉喷射控制。

解：花式喷泉喷射控制梯形图如图 5-25 所示。

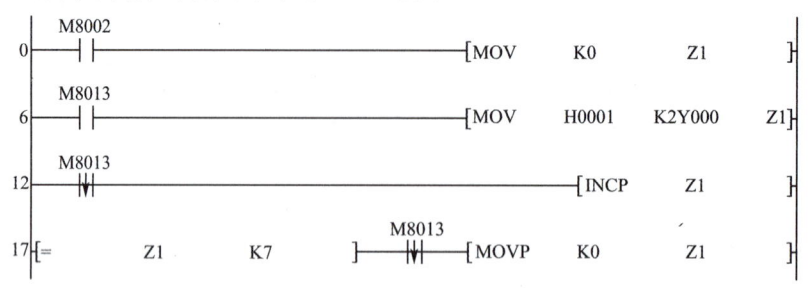

```
     M8002
0 ───┤├──────────────────────[MOV    K0       Z1  ]

     M8013
6 ───┤├──────────────────────[MOV    H0001    K2Y000  Z1]

     M8013
12 ──┤↓├─────────────────────[INCP   Z1  ]

                        M8013
17 ─[= Z1    K7 ]───────┤↓├──[MOVP   K0       Z1  ]
```

图 5-25 花式喷泉喷射控制梯形图

3. 字逻辑运算指令

字逻辑运算指令包括字逻辑与指令、字逻辑或指令、字逻辑异或指令和求补指令，它们的源操作数[S1·]和[S2·]均可以取所有数据类型。

(1) 字逻辑与指令 WAND(FNC26)

字逻辑与指令 WAND，是以位为单位做相应的逻辑与运算，如果两个源操作数[S1·]、[S2·]的同一位均为"1"，运算结果的对应位就为"1"，否则为"0"，并将结果存入目标操作数[D·]中。字逻辑与指令的助记符、指令代码、操作数、程序步见表 5-23。

表 5-23　　　　字逻辑与指令的助记符、指令代码、操作数、程序步

指令名称	助记符	指令代码	操作数			程序步
			[S1·]	[S2·]	[D·]	
字逻辑与	WAND(P)	FNC26	K、H、T、C、D、V、Z、KnX、KnY、KnM、KnS	T、C、D、V、Z、KnY、KnM、KnS		WAND、WANDP 为 7 步

指令使用说明：

如图 5-26 所示，当 X000 为 ON 时，[S1·]指定的元件 D10 和[S2·]指定的元件 D12 内的数据按位对位进行逻辑与运算，结果存入由[D·]指定的元件 D14 中。

```
      X000
0 ────┤├────[WAND    D10       D12       D14  ]
                    [S1·]     [S2·]     [D·]
```

图 5-26 字逻辑与指令

(2) 字逻辑或指令 WOR(FNC27)

字逻辑或指令 WOR，是以位为单位做相应的逻辑或运算，如果两个源操作数[S1·]、[S2·]的同一位均为"0"，运算结果的对应位就为"0"，否则为"1"，并将结果存入目标操作数[D·]中。字逻辑或指令的助记符、指令代码、操作数、程序步见表 5-24。

表5-24　字逻辑或指令的助记符、指令代码、操作数、程序步

指令名称	助记符	指令代码	操作数 [S1·]	操作数 [S2·]	操作数 [D·]	程序步
字逻辑或	WOR(P)	FNC27	K、H、T、C、D、V、Z、KnX、KnY、KnM、KnS	T、C、D、V、Z、KnY、KnM、KnS		WOR、WORP 为7步

指令使用说明：

如图5-27所示，当X001为ON时，[S1·]指定的元件D20和[S2·]指定的元件D22内的数据按位对位进行逻辑或运算，结果存入由[D·]指定的元件D24中。

```
    X001
0───┤├────[WOR    D20      D22      D24  ]
                  [S1·]    [S2·]    [D·]
```

图5-27　字逻辑或指令

(3) 字逻辑异或指令 WXOR(FNC28)

字逻辑异或指令 WXOR，是以位为单位做相应的逻辑异或运算，如果两个源操作数[S1·]、[S2·]的同一位不同，运算结果的对应位就为"1"，否则为"0"，并将结果存入目标操作数[D·]中。字逻辑异或指令的助记符、指令代码、操作数、程序步见表5-25。

表5-25　字逻辑异或指令的助记符、指令代码、操作数、程序步

指令名称	助记符	指令代码	操作数 [S1·]	操作数 [S2·]	操作数 [D·]	程序步
字逻辑异或	WXOR(P)	FNC28	K、H、T、C、D、V、Z、KnX、KnY、KnM、KnS	T、C、D、V、Z、KnY、KnM、KnS		WXOR、WXORP 为7步

指令使用说明：

如图5-28所示，当X001为ON时，[S1·]指定的元件D30和[S2·]指定的元件D32内的数据按位对位进行逻辑异或运算，结果存入由[D·]指定的元件D34中。

```
    X001
0───┤├────[WXOR   D30      D32      D34  ]
                  [S1·]    [S2·]    [D·]
```

图5-28　字逻辑异或指令

字逻辑运算关系见表5-26。

表5-26　字逻辑运算关系表

源操作数 S1	0101	1001	0011	1011
源操作数 S2	1111	0110	1011	0101
字"与"逻辑运算后结果	0101	0000	0011	0001
字"或"逻辑运算后结果	1111	1111	1011	1111
字"异或"逻辑运算后结果	1010	1111	1000	1110

(4) 求补指令 NEG(FNC29)

求补指令 NEG(Negation),是将目标操作数[D·]指定的数据每一位取反后再加"1",并将结果存入同一元件中。求补指令实际上是绝对值不变的变号操作,它只有目标操作数。

指令使用说明:

如图 5-29 所示,当 X002 为 ON 时,目标操作数[D·]指定的元件 D50 内的数据每一位取反后再加"1",并将结果存入 D50 中。

```
    X002
0 ──┤├──────────────────[NEGP    D50  ]
                                 [D·]
```

图 5-29　求补指令

4. 加法指令 ADD(FNC20)

加法指令 ADD(Addition),是将源操作数[S1·]、[S2·]指定元件中的二进制数相加,并将结果存入目标操作数[D·]指定的元件中。加法指令的助记符、指令代码、操作数、程序步见表 5-27。

表 5-27　　　　　加法指令的助记符、指令代码、操作数、程序步

指令名称	助记符	指令代码	操作数 [S1·]	[S2·]	[D·]	程序步
加法	ADD(P)	FNC20	K、H、T、C、D、V、Z、KnX、KnY、KnM、KnS	T、C、D、V、Z、KnY、KnM、KnS	T、C、D、V、Z、KnY、KnM、KnS	ADD、ADDP 为 7 步

指令使用说明:

如图 5-30 所示,当 X000 为 ON 时,执行[D10]+[D12],其结果存入 D14 中。每个数据的最后位为符号位("0"表示为正,"1"表示为负)。

```
    X000
0 ──┤├──[ADD     D10      D12      D14 ]
                [S1·]    [S2·]    [D·]
```

图 5-30　加法指令

ADD 加法指令有 3 个常用标志,M8020 为零标志,M8021 为借位标志,M8022 为进位标志。如果运算结果为 0,则 M8020 置"1",如果运算结果超过 32 767(16 位)或 2 147 483 647(32 位),则 M8022 置"1",如果运算结果小于 −32 768(16 位)或 −2 147 483 648(32 位),则 M8021 置"1"。源操作数和目标操作数可以用相同的元件编号,编号相同时为避免每个扫描周期都执行指令,一般采用脉冲执行方式。在 32 位运算中,被指定的字元件为低 16 位,下一元件为高 16 位。

5. 减法指令 SUB(FNC21)

减法指令 SUB(Subtraction),是将源操作数[S1·]指定元件中的二进制数减去源操

作数[S2·]指定元件中的二进制数,并将结果存入目标操作数[D·]指定的元件中。减法指令的助记符、指令代码、操作数、程序步见表 5-28。

表 5-28　　　　　　　　减法指令的助记符、指令代码、操作数、程序步

指令名称	助记符	指令代码	操作数			程序步
			[S1·]	[S2·]	[D·]	
减法	SUB(P)	FNC21	K、H、T、C、D、V、Z、KnX、KnY、KnM、KnS	T、C、D、V、Z、KnY、KnM、KnS		SUB、SUBP 为 7 步

指令使用说明:

如图 5-31 所示,X001 为 ON 时,执行[D0]－22,其结果存入 D0 中。减法指令的各种标志的动作、32 位运算中元件的指令方法、连续执行方式和脉冲执行方式的差异均与加法指令相同。

```
    X001
0 ──┤├──────[SUB    D0      K22     D0 ]──
                    [S1·]   [S2·]   [D·]
```

图 5-31　减法指令

6. 乘法指令 MUL(FNC22)

乘法指令 MUL(Multiplication),是将源操作数[S1·]、[S2·]指定元件中的二进制数相乘,并将结果存入目标操作数[D·]指定的元件中。乘法指令的助记符、指令代码、操作数、程序步见表 5-29。

表 5-29　　　　　　　　乘法指令的助记符、指令代码、操作数、程序步

指令名称	助记符	指令代码	操作数			程序步
			[S1·]	[S2·]	[D·]	
乘法	MUL(P)	FNC22	K、H、T、C、D、V、Z、KnX、KnY、KnM、KnS	T、C、D、V、Z、KnY、KnM、KnS		MUL、MULP 为 7 步

指令使用说明:

如图 5-32 所示,如果源操作数为 16 位,结果为 32 位,当 X000 为 ON 时,执行[D0]×[D2],其结果存入[D5,D4]中,乘积的低位字送入 D4 中,高位字送入 D5 中,最高位为符号位。如果源操作数为 32 位,结果为 64 位,当 X000 为 ON 时,执行[D1,D0]×[D3,D2],其结果存入[D7、D6、D5、D4]中,最高位为符号位。

```
    X000
0 ──┤├──────[MUL    D0      D2      D4 ]──
                    [S1·]   [S2·]   [D·]
```

图 5-32　乘法指令

目标位元件(KnM)的位数如果小于运算结果的位数,只能保存结果的低位。若将位组合元件作为目标操作数时,限于 n 的取值,只能得到低 32 位的结果,不能得到高 32 位

的结果,这时应将数据移入字元件再进行计算。移入字元件时,不能监视 64 位数据,只能监视高 32 位或低 32 位。

7. 除法指令 DIV(FNC23)

除法指令 DIV(Division),是将源操作数[S1·]、[S2·]指定元件中的二进制数相除,[S1·]为被除数,[S2·]为除数,商送到目标操作数[D·]指定的元件中,余数送到下一个目标操作数[D·]+1 指定的元件中。除法指令的助记符、指令代码、操作数、程序步见表 5-30。

表 5-30　　　　　　除法指令的助记符、指令代码、操作数、程序步

指令名称	助记符	指令代码	操作数			程序步
			[S1·]	[S2·]	[D·]	
除法	DIV(P)	FNC23	K,H,T,C,D,V,Z,KnX KnY,KnM,KnS	T,C,D,V,Z,KnY KnM,KnS		DIV、DIVP 为 7 步

指令使用说明:

如图 5-33 所示,当 X003 为 ON 时,如果为 16 位运算,则执行[D6]÷[D8],其商送入 D2 中,余数送入 D3 中;如果为 32 位运算,则执行[D7,D6]÷[D9,D8],其商送入[D3,D2]中,余数送入[D5,D4]中。

```
   X003
0──┤├────[DIV   D6      D8      D2  ]─
                [S1·]   [S2·]   [D·]
```

图 5-33　除法指令

若除数为零,则运算错误,不执行命令。若目标操作数[D·]指定的元件为位元件,则得不到余数。商和余数的最高位均为符号位。

【例 5-3】 某控制程序实现以下公式的运算:$39x+2$。输入端 K2X0 的状态为式中"x"的二进制数据,运算结果送到输出端 K2Y0。设 X10 为启停开关。

解:由控制要求,设计梯形图如图 5-34 所示。

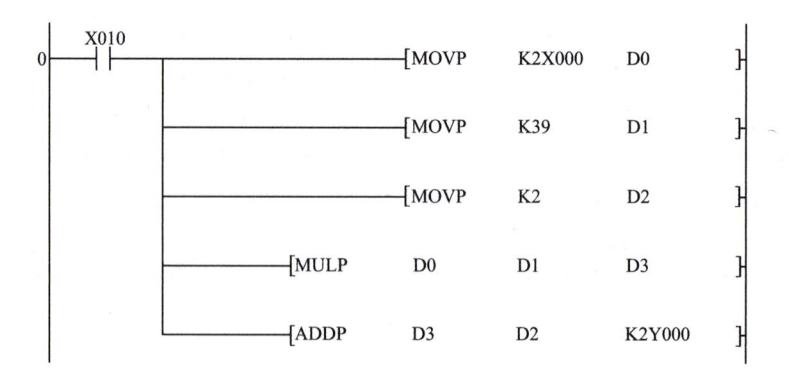

```
   X010
0──┤├─────────────[MOVP   K2X000   D0  ]─
        │
        ├─────────[MOVP   K39      D1  ]─
        │
        ├─────────[MOVP   K2       D2  ]─
        │
        ├──[MULP   D0     D1       D3  ]─
        │
        └──[ADDP   D3     D2       K2Y000]─
```

图 5-34　四则运算梯形图

5.3.3 任务实施

由任务要求可知，利用变址寄存器、加 1 指令和减 1 指令，可以分别实现正序依次全点亮、反序依次全熄灭的控制。

1. 输入点、输出点的分配

输入点、输出点的分配见表 5-31。

表 5-31　　　　　　　　　　输入点、输出点的分配 3

输入点		输出点	
名称	输入点编号	名称	输出点编号
启动按钮 SB1	X0	彩灯 L1~L8	Y0~Y7
停止按钮 SB2	X1	彩灯 L9~L12	Y10~Y13

2. 程序设计及调试

流水彩灯控制梯形图如图 5-35 所示。

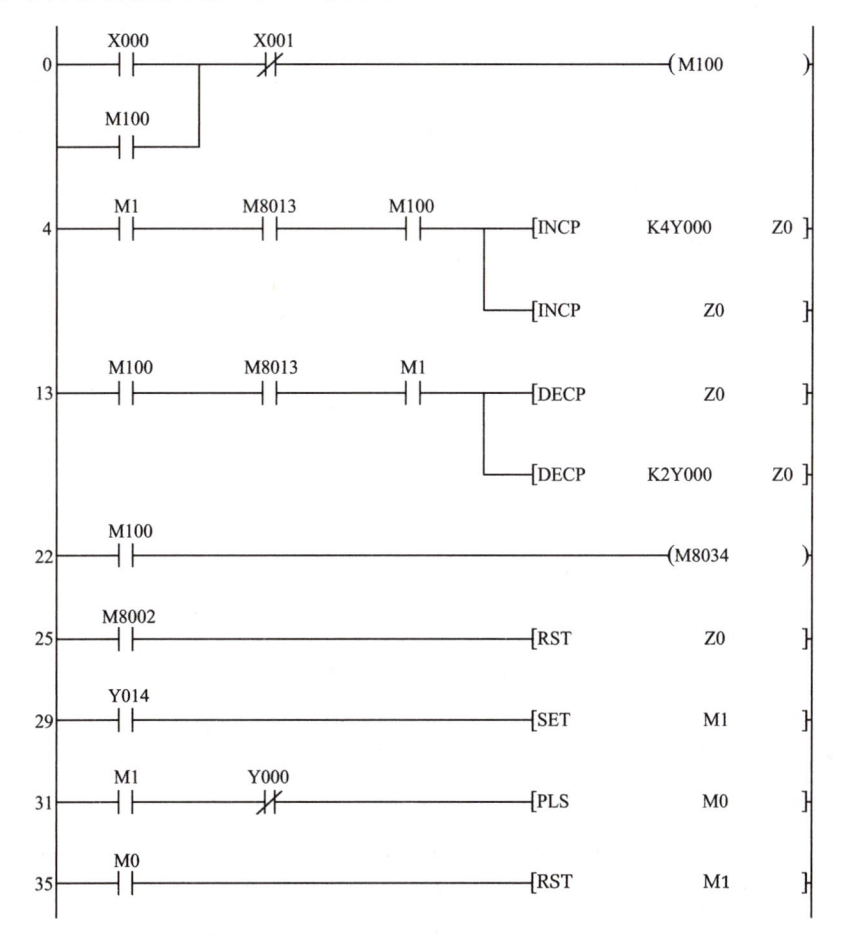

```
    X000    X001
0 ──┤├──────┤/├─────────────────────────(M100)
    M100
   ──┤├──

    M1     M8013   M100
4 ──┤├──────┤├──────┤├──────[INCP  K4Y000  Z0]
                            [INCP          Z0]

    M100   M8013    M1
13──┤├──────┤├──────┤├──────[DECP          Z0]
                            [DECP  K2Y000  Z0]

    M100
22──┤├─────────────────────────────────(M8034)

    M8002
25──┤├──────────────────────────[RST     Z0]

    Y014
29──┤├──────────────────────────[SET     M1]

    M1     Y000
31──┤├──────┤/├─────────────────[PLS     M0]

    M0
35──┤├──────────────────────────[RST     M1]
```

图 5-35　流水彩灯控制梯形图

程序调试:
(1)按下启动按钮 SB1,观察输出继电器 Y0~Y7,Y10~Y13 的输出状态。
(2)按下停止按钮 SB2,观察输出继电器 Y0~Y7,Y10~Y13 的输出状态。

3. 任务考核

(1)按照任务要求完成 I/O 分配表。
(2)按照任务要求编制程序。
(3)设计 PLC 接线电路并完成接线。
(4)输入程序进行调试。

考核要求及评分标准见表 5-32。

操作者自行接好线,检查无误后再通电运行,观察电动机运行情况是否符合要求。

表 5-32　　　　　　　　　考核要求及评分标准 3

序号	项目	配分	评分标准	得分
1	I/O 分配表	10	每错一处扣 2 分	
2	PLC 接线图	10	每错一处扣 2 分	
3	梯形图	20	每错一处扣 2 分	
4	指令表	10	每错一处扣 2 分	
5	程序输入	20	1.操作不熟练,不会使用删除、插入、修改、监控方法扣 5~20 分 2.不会调试扣 5~20 分	
6	运行	20	1.正序点亮不正确扣 10 分 2.反序熄灭不正确扣 10 分	
7	安全文明操作	10	违反操作规程扣 2~10 分,发生严重安全事故扣 10 分	
开始时间:		结束时间:		

想一想?

如何实现流水彩灯点亮、熄灭时间的控制?

任务 5.4　步进电动机控制

技能点

◆ 掌握移位与循环移位指令的功能
◆ 会利用移位与循环移位指令编制程序

5.4.1　任务描述

步进电动机是一种把电脉冲信号转换为直线位移或角位移的执行元件,由专用电源供给电脉冲,每输入一个电脉冲,异步电动机就转动一个角度或前进一步,如图 5-36 所示。随着数控技术的发展,步进电动机的应用越来越广泛。

以三相三拍电动机为例,使用 PLC 实现对其正/反转和调速控制,脉冲序列由 Y1~Y3(晶体管输出)送出,对步进电动机做驱动控制。

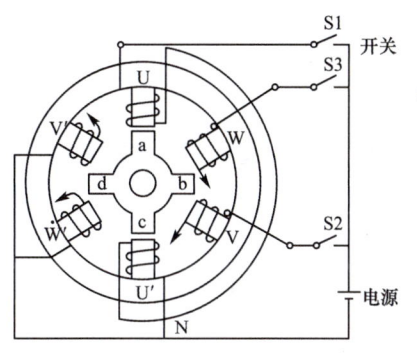

动作顺序：

(1)开关 S1=ON,a→U相

(2)开关 S1=OFF,S2=ON,b→V相

(3)开关 S2=OFF,S3=ON,c→W相

(4)开关 S3=OFF,S1=ON

图 5-36 步进电动机

5.4.2 相关知识

1. 循环移位指令

循环移位是指数据在本字节或双字节内的环形移动,可以向右或向左移位。

右循环移位指令：ROR(Rotation Right)

左循环移位指令：ROL(Rotation Left)

执行这两个指令时,各位数据向右(或向左)循环移动 n 位(n 为常数)。16 位指令和 32 位指令中的 n 分别小于 16 和 32,最后从低位(或高位)移出来的那一位状态同时存入进位标志 M8002 中。若在目标元件中指定位元件组的组数,则只有 K4(16 位指令)和 K8(32 位指令)有效,如 K4Y0 和 K8M0。循环移位指令的助记符、指令代码、操作数、程序步见表 5-33。

表 5-33　　　　循环移位指令的助记符、指令代码、操作数、程序步

指令名称	助记符	指令代码	操作数		程序步
			[D·]	n	
右循环移位	ROR(P)	FNC30	T、C、D、V、Z、KnY、KnM、KnS	K、H 移位量 16 位指令 $n<16$ 32 位指令 $n<32$	ROR、RORP 为 5 步
左循环移位	ROL(P)	FNC31	16 位运算 Kn=K4 32 位运算 Kn=K8		ROL、ROLP 为 5 步

指令使用说明：

如图 5-37(a)所示,当 X001、X002 条件满足时,分别执行右循环移位指令和左循环移位指令,执行过程分别如图 5-37(b)、图 5-37(c)所示。

【例 5-4】 用循环移位指令设计 16 盏装饰彩灯点亮控制程序。启动时,首先点亮灯 L1,1 s 后点亮灯 L2,这样每隔 1 s 依次点亮,如此循环,按下停止按钮彩灯熄灭。

解：设 X0 为启动信号,X1 为停止信号,彩灯 L1~L16 分别由 Y0~Y7、Y10~Y17 控制,绘制梯形图如图 5-38 所示。

2. 带进位的循环移位指令

带进位的右循环移位指令：RCR(Rotation Right With Carry)

带进位的左循环移位指令：RCL(Rotation Left With Carry)

```
     X001
0 ───┤├──────────────────[ROR   D0   K3]
                         [D·]        n
     X002
7 ───┤├──────────────────[ROL   D0   K3]
```

(a)梯形图

```
      ┌──0000 0000 1111 1111──→ M8022
      │                           │
     D15            D0            │
      ↑             ↓             ↓
      │            111            1
      └─────────────┘
```

(b)右循环

```
     M8022 ←── 0000 0000 1111 1111 ←──┐
                      │                │
                     D15              D0
                      ↓                ↑
       0            000                │
       └─────────────┘─────────────────┘
```

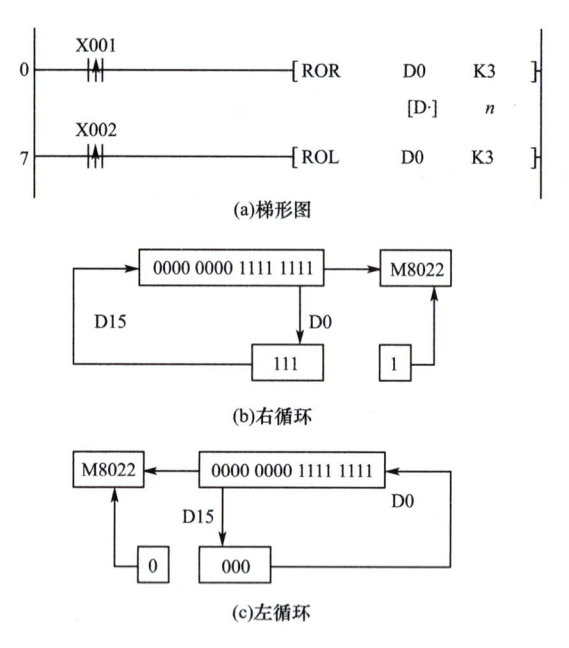

(c)左循环

图 5-37　右、左循环移位指令

```
      X000    X001
0 ────┤├──────┤/├─────────────────────────(M0)
      M0
     ─┤├─
      M8002
4 ────┤├──────────────────────[MOVP   K0   K4Y000]
      X001
     ─┤├─
      M0
11 ───┤├──────────────────────[MOVP   K1   K4Y000]
      M8013   M0
17 ───┤├──────┤├──────────────[ROLP   K4Y000   K1]
```

图 5-38　装饰彩灯点亮控制梯形图

执行这两条指令时，各位数据与进位标志 M8022 一起（16 位指令时一共有 17 位）向右或向左循环移动 n 位。在循环中移出的位送入进位标志 M8022，后者又被送回到目标操作数的另一端，若在目标元件中指定位元件组的组数，则只有 K4(16 位)指令和 K8(32 位)指令有效。带进位的循环移位指令的助记符、指令代码、操作数、程序步见表 5-34。

表 5-34　　　带进位的循环移位指令的助记符、指令代码、操作数、程序步

指令名称	助记符	指令代码	操作数		程序步
			[D·]	n	
带进位的右循环移位	RCR(P)	FNC32	T、C、D、V、Z、KnY、KnM、KnS 16 位运算 Kn=K4 32 位运算 Kn=K8	K、H 移位量 16 位指令 $n\leqslant 16$ 32 位指令 $n\leqslant 32$	RCR、RCRP 为 5 步
带进位的左循环移位	RCL(P)	FNC33			RCL、RCLP 为 5 步

指令使用说明：

如图 5-39(a)所示，当 X002、X003 条件满足时，分别执行带进位的右循环移位指令和带进位的左循环移位指令，执行过程分别如图 5-39(b)、图 5-39(c)所示。

```
        X002
    0 ──┤├──────────────[RCR   D0    K3]
                                [D·]   n
        X003
    7 ──┤├──────────────[RCL   D0    K3]
```

(a)梯形图

```
    ┌──────────────────────────┐   M8022
    └──[0000 0000 1111 1111]──→[ 1 ]
```

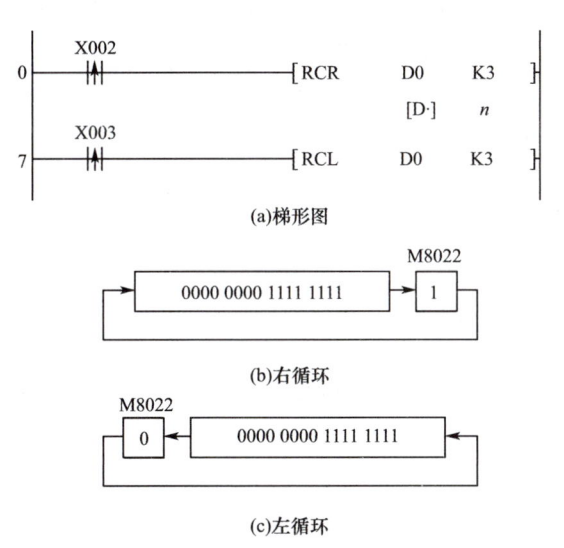

(b)右循环

```
     M8022
    [ 0 ]←──[0000 0000 1111 1111]──┐
                                   │
                  └────────────────┘
```

(c)左循环

图 5-39 带进位的循环移位指令

3. 位右移、位左移指令

位右移指令：SFTR(Shift Right)

位左移指令：SFTL(Shift Left)

位右移、位左移指令，是使 $n1$ 位目标操作数[D·]指定的位元件和 $n2$ 位源操作数[S·]指定的位元件中的状态成组地向右或向左移动。$n1$ 为目标操作数[D·]指定的位元件组的长度，$n2$ 为移动的位数，$n2 \leqslant n1 \leqslant 1\,024$。位右移、位左移指令的助记符、指令代码、操作数、程序步见表 5-35。

表 5-35　　　　位右移、位左移指令的助记符、指令代码、操作数、程序步

指令名称	助记符	指令代码	操作数				程序步
			[S·]	[D·]	$n1$	$n2$	
位右移	SFTR(P)	FNC34	X、Y、M、S	Y、M、S	K、H		SFTR、SFTRP 为 9 步
位左移	SFTL(P)	FNC35	X、Y、M、S	Y、M、S	K、H		SFTL、SFTLP 为 9 步

指令使用说明：

如图 5-40 所示，当 X010 由 OFF 变为 ON 时，执行位右移指令，移动的顺序为：M1M0 中的数据溢出，M3M2 移入 M1M0 中，M5M4 移入 M3M2 中，M7M6 移入 M5M4 中，X1X0 移入 M7M6 中。同理可知，当 X011 由 OFF 变为 ON 时，执行位左移指令。

位右移、位左移指令，采用连续执行方式时，每个扫描周期都执行一次移位操作，而采

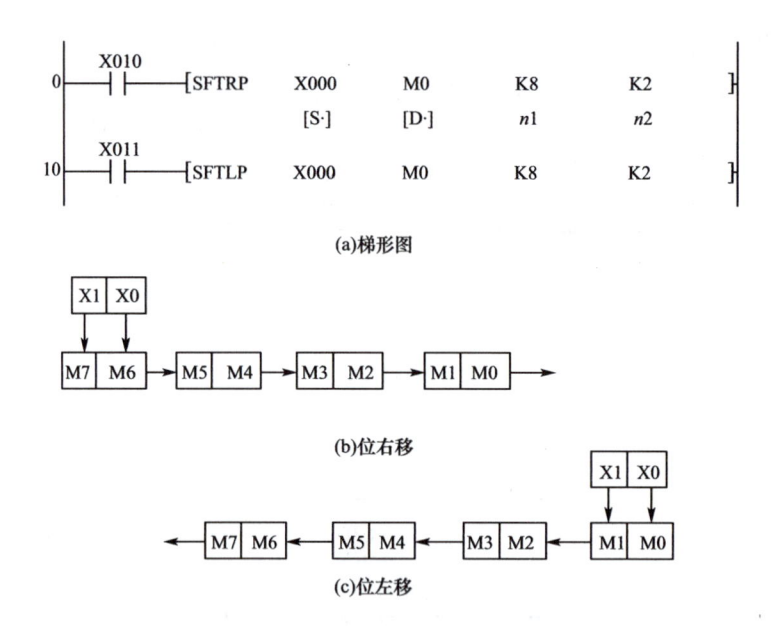

```
     X010
0 ───┤├──── [SFTRP   X000     M0      K8      K2  ]
                     [S·]    [D·]     n1      n2
     X011
10 ──┤├──── [SFTLP   X000     M0      K8      K2  ]
```

(a) 梯形图

(b) 位右移

(c) 位左移

图 5-40 位右移和位左移指令

用脉冲执行方式时,仅在执行条件由 OFF 变为 ON 的瞬间执行一次移位操作。

【例 5-5】 用按钮 SB1 控制三台电动机单独启动,用按钮 SB2 控制三台电动机单独停止。启动时,按下 SB1 一次(持续 1 s 以上),启动第一台电动机;连续按下 SB1 两次(第二次持续 1 s 以上),启动第二台电动机;连续按下 SB1 三次(第三次持续 1 s 以上),启动第三台电动机。停止时,按下 SB2 一次(持续 1 s 以上),第一台电动机停止;连续按下 SB2 两次(第二次持续 1 s 以上),第二台电动机停止;连续按下 SB2 三次(第三次持续 1 s 以上),第三台电动机停止。

解: PLC 处于运行状态后,M8002 使 M9 和 M19 置"1"。一台电动机启动后,先用 ZRST 指令复位 M0~M19,再使 M9 和 M19 置"1",为启动下一台电动机做准备。X0 接启动按钮 SB1,X1 接停止按钮 SB2。梯形图如图 5-41 所示。

4. 字右移、字左移指令

字右移指令:WSFR(Word Shift Right)

字左移指令:WSFL(Word Shift Left)

字右移、字左移指令,是以字为单位,将目标操作数[D·]指定的 $n1$ 位字的字元件成组地右移或左移 $n2$ 个字,$n2 \leqslant n1 \leqslant 512$。在指令操作中源操作数[S·]和目标操作数[D·]所指定的数位应是相同的。字右移、字左移指令的助记符、指令代码、操作数、程序步见表 5-36。

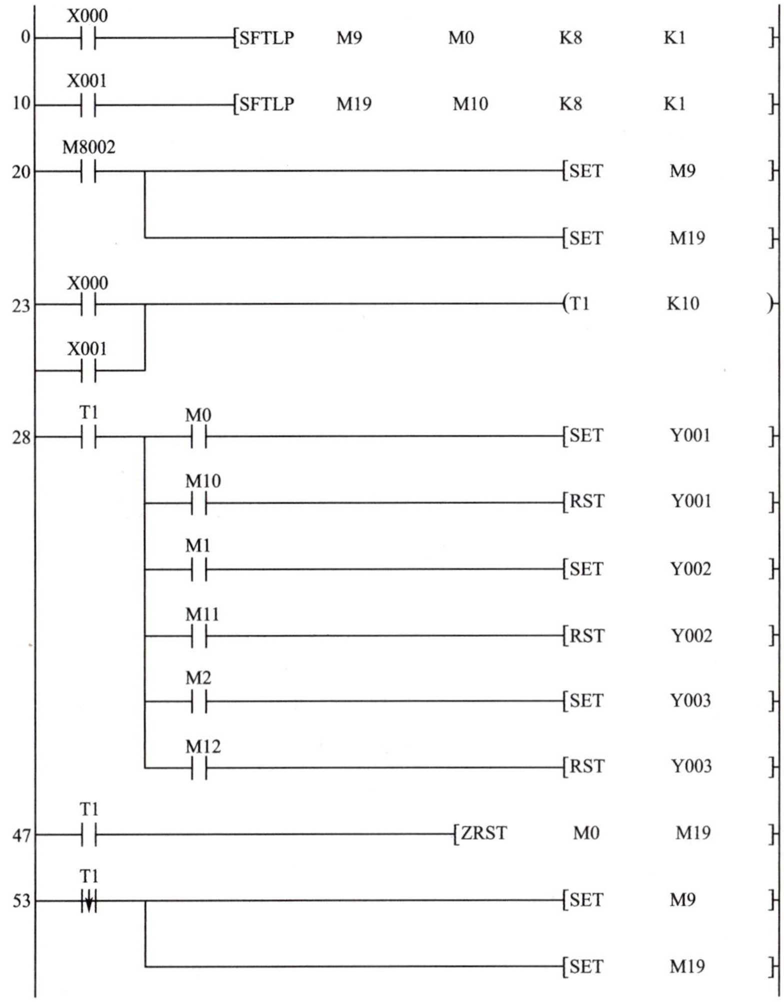

```
           X000
    0      ─┤├─────────────[SFTLP    M9     M0     K8     K1  ]

           X001
   10      ─┤├─────────────[SFTLP    M19    M10    K8     K1  ]

           M8002
   20      ─┤├──────────────────────────────[SET    M9  ]
              │
              └─────────────────────────────[SET    M19 ]

           X000
   23      ─┤├──┬──────────────────────────(T1     K10 )
           X001 │
           ─┤├──┘

            T1    M0
   28      ─┤├───┤├──────────────────────────[SET    Y001]
                  M10
                 ─┤├─────────────────────────[RST    Y001]
                  M1
                 ─┤├─────────────────────────[SET    Y002]
                  M11
                 ─┤├─────────────────────────[RST    Y002]
                  M2
                 ─┤├─────────────────────────[SET    Y003]
                  M12
                 ─┤├─────────────────────────[RST    Y003]

            T1
   47      ─┤├──────────────────────[ZRST    M0     M19 ]

            T1
   53      ─┤↓├─────────────────────────────[SET    M9  ]
              │
              └─────────────────────────────[SET    M19 ]
```

图 5-41　一只按钮控制三台电动机单独启动梯形图

表 5-36　字右移、字左移指令的助记符、指令代码、操作数、程序步

指令名称	助记符	指令代码	操作数				程序步
			[S·]	[D·]	n1	n2	
字右移	WSFR(P)	FNC36	T、C、D、KnX、KnY、KnM、KnS	T、C、D、KnY、KnM、KnS	K、H		WSFR、WSFRP 为 9 步
字左移	WSFL(P)	FNC37					WSFL、WSFLP 为 9 步

指令使用说明：

字右移、字左移指令只有 16 位运算，如图 5-42(a)所示，当 X010(X011)为 ON 时，目标操作数[D·]指定元件的 n1 个字向右(向左)移 n2 个字，源操作数[S·]指定元件的 n2 个字向右(向左)移入目标操作数[D·]指定的元件中，执行过程如图 5-42(b)、图 5-42(c)所示。

```
     X010
 0 ──┤ ├──[WSFR   T0      D0      K8      K2 ]
              [S·]    [D·]    n1      n2

     X011
10 ──┤ ├──[WSFL   T0      D0      K8      K2 ]
              [S·]    [D·]    n1      n2
```

(a) 梯形图

(b) 右移2位

(c) 左移2位

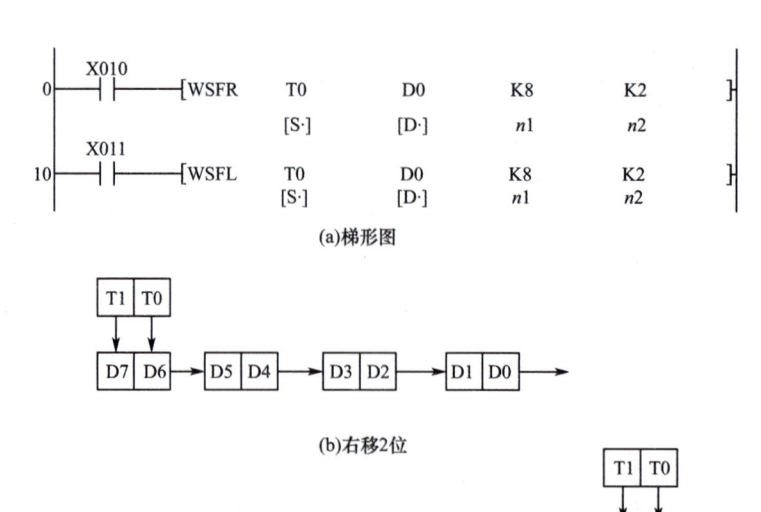

图 5-42　字右移和字左移指令

5. 移位寄存器写入、读出指令

移位寄存器又称为 FIFO(Fist in Fist out,先入先出)堆栈,堆栈的长度为 2～512 个字。移位寄存器写入指令 SFWR 和移位寄存器读出指令 SFRD 用于堆栈的写入和读出,先写入的数据先读出。

(1) 移位寄存器写入指令 SFWR(Shift Register Write),是将数据写入指定的堆栈。移位寄存器写入指令的助记符、指令代码、操作数、程序步见表 5-37。

指令使用说明:

如图 5-43 所示,D0 为源元件,D1 为目标元件,是移位寄存器堆栈的首地址,也是堆栈指针,n 表示目标元件 D1 的堆栈长度。移位寄存器未装入数据时应将 D1 清零。当 X000 由 OFF 变为 ON 时,指针的值加 1,源元件 D0 的数据写入堆栈,第一次写入时,将 D0 中的数据写入堆栈 D2 中,D1 的数据为 1,X000 由 OFF 再次变为 ON 时,又将 D0 中的数据写入堆栈 D3 中,D1 的数据为 2,以此类推,D0 中的数据依次写入堆栈 D1 中,当 D1 的数据等于 $n-1$(n 为堆栈长度)时,不再执行上述过程,进位标志 M8022 置 1。

表 5-37　　　　移位寄存器写入指令的助记符、指令代码、操作数、程序步

指令名称	助记符	指令代码	操作数				程序步
			[S·]	[D·]	n1	n2	
移位寄存器写入	SFWR (P)	FNC38	K、H、T、C、D、V、Z、KnX、KnY、KnM、KnS	T、C、D、KnY、KnM、KnS	K、H		SFWR、SFWRP 为 7 步

(2) 移位寄存器读出指令 SFRD(Shift Register Read),是将指定堆栈的数据读出。移位寄存器读出指令的助记符、指令代码、操作数、程序步见表 5-38。

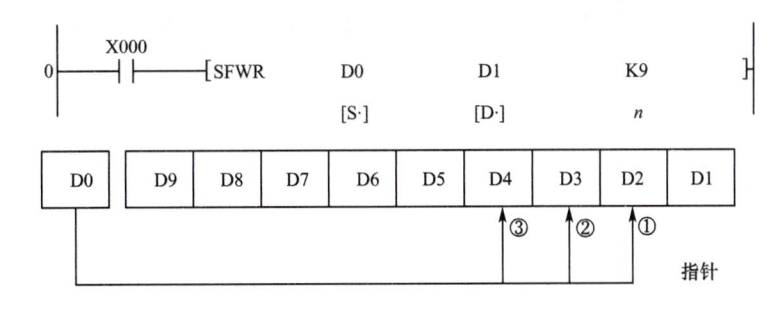

```
        X000
  0 ─────┤├─────[ SFWR    D0        D1        K9 ]
                          [S·]      [D·]       n
```

| D0 | D9 | D8 | D7 | D6 | D5 | D4 | D3 | D2 | D1 |

③ ② ① 指针

图 5-43 移位寄存器写入指令

表 5-38　　　　移位寄存器读出指令的助记符、指令代码、操作数、程序步

指令名称	助记符	指令代码	操作数 [S·]	操作数 [D·]	$n1$	$n2$	程序步
移位寄存器读出	SFRD(P)	FNC39	T、C、D、KnY、KnM、KnS	T、C、D、V、Z、KnY、KnM、KnS	K、H		SFRD、SFRDP 为 7 步

指令使用说明：

如图 5-44 所示，当 X010 由 OFF 变为 ON 时，D2 的数据读出并送入 D20 中，同时指针 D1 的值减 1，D3～D9 的数据向右移一个字。数据总是从 D2 读出，并送入 D20 中，每读出一次数据指针 D1 的值都减 1。当指针 D1 数据为 0 时，FIFO 堆栈被读空，不再执行上述过程，零标志位 M8020 置 1。执行指令的过程中，D9 的数据保持不变。

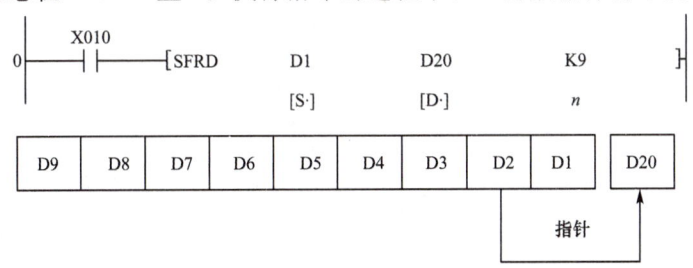

```
        X010
  0 ─────┤├─────[ SFRD    D1        D20       K9 ]
                          [S·]      [D·]       n
```

| D9 | D8 | D7 | D6 | D5 | D4 | D3 | D2 | D1 | D20 |

指针

图 5-44 移位寄存器读出指令

【例 5-6】 用移位寄存器写入、读出指令，设计产品进出库管理控制，先入库的产品先出库。产品的地址号为 4 位，最大库存量为 99。当有产品入库时，按下入库按钮 X20，输入产品编号，并存入堆栈；当产品出库时，按下出库按钮 X21，读出产品的编号。入库产品的编号由 K4X0 的状态表示，出库产品的编号由 K4Y0 的状态表示。

解： 根据要求，设计梯形图如图 5-45 所示。

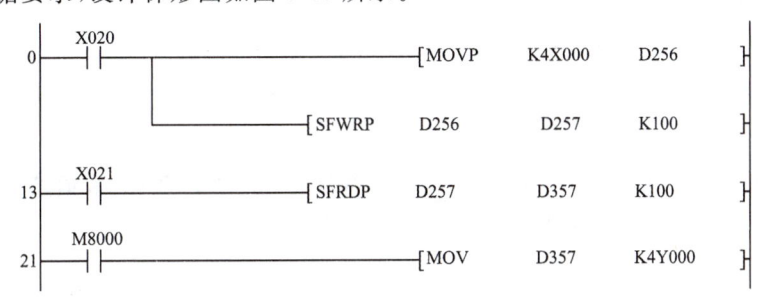

```
        X020
  0 ─────┤├─────────────────────────[ MOVP    K4X000    D256 ]
                 │
                 └─────────────────[ SFWRP   D256      D257    K100 ]
        X021
 13 ─────┤├─────────────────────────[ SFRDP   D257      D357    K100 ]
        M8000
 21 ─────┤├─────────────────────────[ MOV     D357      K4Y000 ]
```

图 5-45 产品进出库管理控制梯形图

图 5-45 中，入库产品数据送入 D256 中，并存入以 D257 为指针的 100 个字元件组成的堆栈中，出库时从堆栈中读出产品的 4 位 BCD 编号送入 K4Y0 中。

5.4.3 任务实施

根据控制要求，设置正/反转切换开关 SA1（SA1 断开为正转，SA1 闭合为反转），启停开关 SA2，减速开关 SA3 和加速开关 SA4，将积算定时器 T246 作为移位脉冲发生器，定时 2 ms～500 ms，步进电动机可获得 2 步/s～500 步/s 的变速。

1. 输入点、输出点的分配

输入点、输出点的分配见表 5-39。

表 5-39　　　　　　　　　　　　输入点、输出点的分配 4

输入点		输出点	
名称	输入点编号	名称	输出点编号
正/反转切换开关 SA1	X10	电脉冲序列	Y0～Y2
启停开关 SA2	X12		
减速开关 SA3	X13		
加速开关 SA4	X14		

2. 程序设计及调试

根据控制要求，需要对程序进行初始化设置，D0 的初始值设为 K500，用内部辅助继电器 M0 的状态（为"1"或"0"）提供移入 Y2、Y1、Y0 的是"1"还是"0"，梯形图如图 5-46 所示。

程序分析：积算定时器 T246 用于产生移位脉冲，INC 指令和 DEC 指令用于调整 T246 产生的脉冲频率，T0 用于调整频率的时间限制。

（1）初始化程序

数据寄存器 D0 的初始值为 K500，设 M0 的初始值为 0。

（2）步进电动机正转

闭合启停开关 SA2，则 X012 为 ON，定时器 T246 开始计时，在正/反转切换开关 SA1 处于断开的状态下，X010 为 OFF，定时器 T246 每完成一次定时，就会按照 M0 的值形成 011、110、101、011 的正序三拍循环脉冲。

（3）步进电动机反转

闭合正/反转切换开关 SA1，则 X010 为 ON，定时器 T246 每完成一次定时，就会按照 M0 的值形成 101、110、011、101 的反序三拍循环脉冲。

（4）减速调整

闭合减速开关 SA3，则 X013 为 ON，定时器 T246 的设定值 D0 数值增大，则每秒的步数减少，于是电动机的转速变低。

（5）加速调整

闭合加速开关 SA4，则 X014 为 ON，定时器 T246 的设定值 D0 数值减小，则每秒的

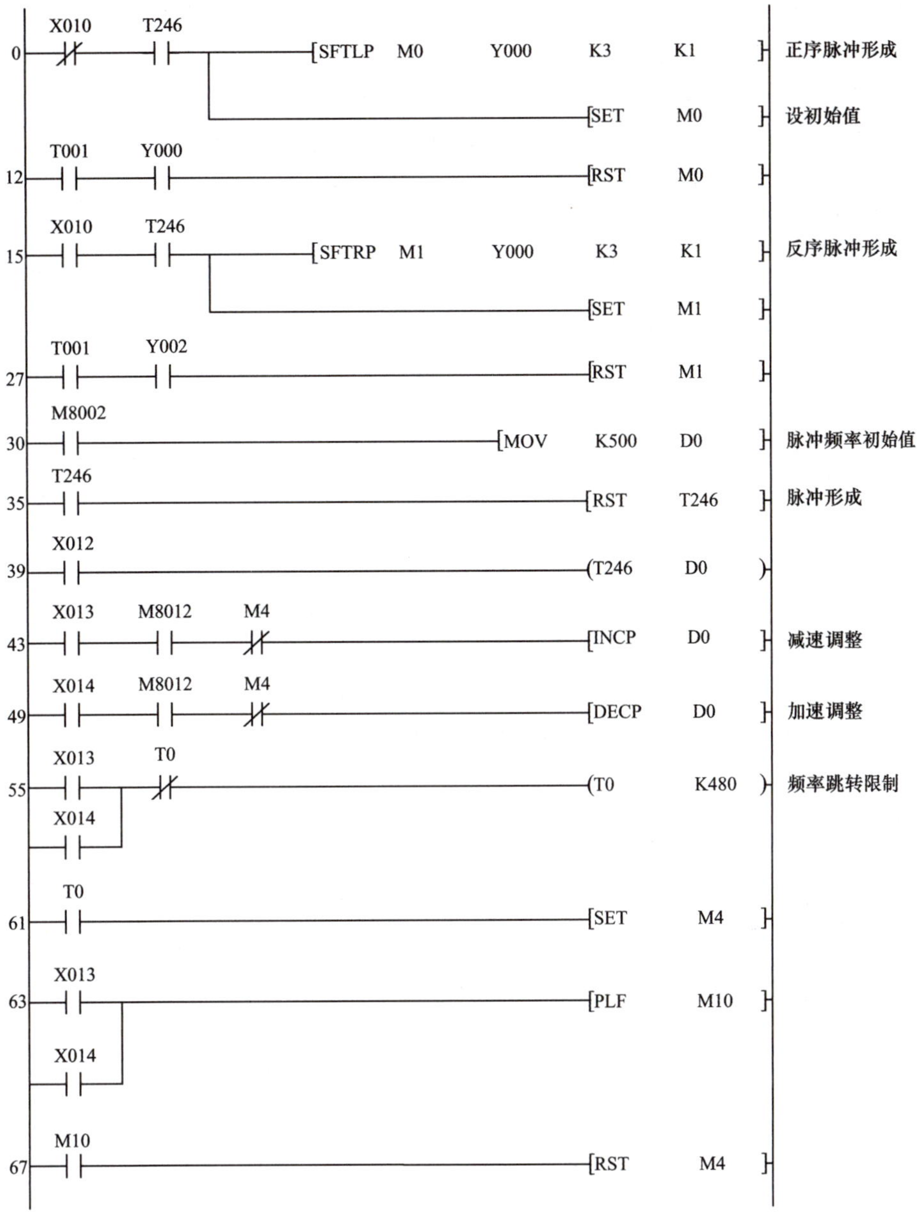

```
     X010    T246
 0 ───┤/├────┤ ├──────────────[SFTLP  M0    Y000    K3    K1 ]   正序脉冲形成
                     │
                     └────────────────────────[SET   M0 ]        设初始值

     T001    Y000
12 ───┤ ├────┤ ├──────────────────────────────[RST   M0 ]

     X010    T246
15 ───┤ ├────┤ ├──────────────[SFTRP  M1    Y000    K3    K1 ]   反序脉冲形成
                     │
                     └────────────────────────[SET   M1 ]

     T001    Y002
27 ───┤ ├────┤ ├──────────────────────────────[RST   M1 ]

     M8002
30 ───┤ ├──────────────────────────────[MOV   K500   D0 ]        脉冲频率初始值

     T246
35 ───┤ ├──────────────────────────────────────[RST   T246 ]     脉冲形成

     X012
39 ───┤ ├──────────────────────────────────────(T246   D0 )

     X013   M8012   M4
43 ───┤ ├────┤ ├────┤/├────────────────────────[INCP  D0 ]       减速调整

     X014   M8012   M4
49 ───┤ ├────┤ ├────┤/├────────────────────────[DECP  D0 ]       加速调整

     X013    T0
55 ───┤ ├────┤/├───────────────────────────────(T0    K480 )     频率跳转限制
     X014
      ├ ├────┘

     T0
61 ───┤ ├──────────────────────────────────────[SET   M4 ]

     X013
63 ───┤ ├──────────────────────────────────────[PLF   M10 ]
     X014
      ├ ├────┘

     M10
67 ───┤ ├──────────────────────────────────────[RST   M4 ]
```

图 5-46 步进电动机控制梯形图

步数增加,于是电动机的转速变高。

程序调试:闭合 SA3 或 SA4 开关,观察 D0 变化的对应的不同速度。试改变 D0 的设定值,观察程序运行的变化。

想一想?

(1)程序控制中的正序、反序脉冲是怎样产生的?

(2)M0 的初始值为 1 时,形成的三拍循环脉冲是怎样的?

3. 任务考核

(1)按照任务要求完成 I/O 分配表。

(2)按照任务要求编制程序。

(3)设计 PLC 接线电路,用指示灯显示形成的脉冲序列。

(4)输入程序进行调试。

考核要求及评分标准见表 5-40。

操作者自行接好线,检查无误后再通电运行,观察步进电动机的运行情况是否符合要求。

表 5-40　　　　　　　　　　考核要求及评分标准 4

序号	项目	配分	评分标准	得分
1	I/O 分配表	10	每错一处扣 2 分	
2	PLC 接线图	10	每错一处扣 2 分	
3	梯形图	20	每错一处扣 2 分	
4	指令表	10	每错一处扣 2 分	
5	程序输入	20	1.操作不熟练,不会使用删除、插入、修改、监控方法扣 5~20 分 2.不会调试扣 5~20 分	
6	运行	20	1.不能减速调整扣 5 分 2.不能加速调整扣 5 分 3.电动机运行不正确扣 10 分	
7	安全文明操作	10	违反操作规程扣 2~10 分,发生严重安全事故扣 10 分	

开始时间:　　　　　　　　　结束时间:

能力训练 5

1.设计一个数码显示程序,分别显示 6、8 等数字。

2.设计程序,计算数据寄存器 D20 和 D30 中储存的数据相减之后的值。

3.设计程序,改变计数器的计数设定值。设 C0 的计数设定值为 K10,当 X1=ON 时,C0 的计数设定值改为 K20;当 X2=ON 时,C0 的计数设定值改为 K50。X1 和 X2 都为脉冲信号。

4.设计程序,完成 $26x-9$ 的运算。

5.设计一个数字钟程序,要求有时、分、秒的显示,并有启动、清除和时间调整功能。

单元 6 程序流控制指令及其应用

学习目标

* 掌握基本程序流控制指令功能
* 掌握基本程序流控制指令的输入方法与技巧
* 灵活运用程序流控制指令解决实际问题

任务 6.1 求数据中的最大值

技能点
◆ 会用编程软件绘制梯形图
◆ 掌握程序流控制指令的应用方法
◆ 会编制程序并上机调试

6.1.1 任务描述

有 10 个数据存放在 D10~D19 中,找出其中的最大值,并存入 D20 中,编写主要程序。

6.1.2 相关知识

程序流控制指令属于 PLC 应用指令,主要功能是控制程序的执行顺序,包括条件跳转指令、循环指令、子程序调用与返回指令、中断指令等。

1. 条件跳转指令

条件跳转指令:CJ(FNC00)用于跳过顺序程序中的某一部分,以控制程序的流向。如图 6-1 所示,当 X000 为 ON 时,程序跳到指针 P0 处(被跳过的指令不执行);当 X000 为 OFF 时,程序顺序执行。

学习要点:

(1) P 指针用于分支和跳步程序,在梯形图里,通过单击左侧母线,并按下字母 P 键,设置 P 指针(FX$_{2N}$有 P0~P127 共 128 个指针点)的位置。

(2) 一个指针只能出现一次,如果出现两次或两次以上,则会出错。如果用 M8002 的常开触点驱动该指令,则相当于无条件跳转。

(3)指针可以出现在对应跳转指令之前(程序往回跳),但如果反复跳转的时间超过监控定时器的设定时间,则会引起监控定时器出错。

```
   X000
0 ─┤├──────────────────────[CJ   P0]
   X001
4 ─┤├──────────────────────(Y001)
   X002
6 ─┤/├─┬─────────────────── (Y000)
   X003│
     ─┤├─┘
P0  X004
9 ─┤├──────────────────────(Y002)
```

图 6-1 跳转指令

2. 循环指令

循环指令主要指 FOR 指令和 NEXT 指令,如图 6-2 所示。

```
   X000
0 ─┤├──────────────────────[CALL  P1]
   X001
4 ─┤├──────────────────────(Y000)
6 ─────────────────────────[FEND]
P1  X002
7 ─┤├──────────────────────(Y002)
   X003
10─┤├──────────────────────(Y003)
12─────────────────────────[SRET]
```

图 6-2 循环指令

FOR(FNC08)指令用来表示循环的开始,它的源操作数 $n(n=1\sim32\,767)$ 表示循环的次数,取值可以是任意数据格式。如果 N 的取值为负数,则作为 $n=1$ 来处理,循环可以嵌套 5 层。

NEXT(FNC09)指令用来表示循环的结束,无操作数。

学习要点:

(1)FOR、NEXT 指令总是成对使用,且 FOR 指令应放在 NEXT 指令前面,否则程序出错。

(2)若执行 FOR、NEXT 指令时循环时间过长,应注意扫描周期是否会超过监控定时器的设定时间。

6.1.3 任务实施

1. 算法及程序流程

本文所采取的算法主要是:把第一个数 D10 存入数据寄存器 D20,然后比较第二个数 D11 与 D20 的大小,将较大值存入 D20,以此类推,当比较完所有的数据后,D20 一定是这 10 个数中的最大值,共循环 9 次。程序流程图如图 6-3 所示。

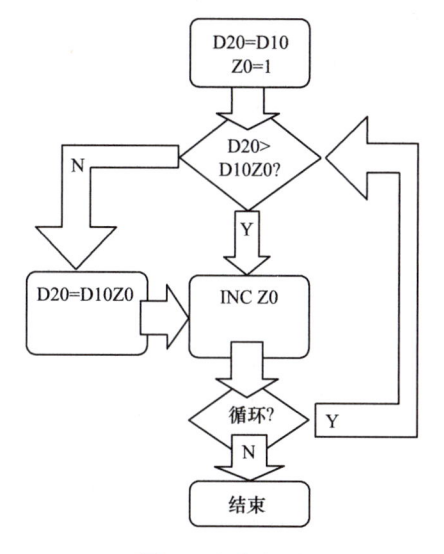

图 6-3 程序流程图

2. 程序设计及调试

根据上述算法,该任务主要程序如下,梯形图如图 6-4 所示。

```
LD      M8000
MOV     D10     D20
MOV     K1      Z0
FOR     K9
LD      M8000
CMP     D20     D10Z0   M0
LD      M0
MOV     D10Z0   D20
INC     Z0
NEXT
```

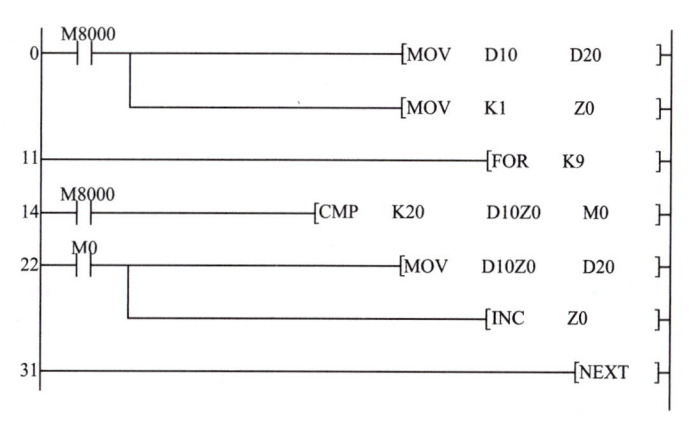

图 6-4 求最大值的梯形图

4. 任务考核

(1) 按照任务要求完成 I/O 分配表。
(2) 按照任务要求编制程序。
(3) 设计 PLC 接线电路并完成接线。
(4) 输入程序进行调试。

考核要求及评分标准见表 6-1。

操作者自行接好线,检查无误后再通电运行。

表 6-1　　　　　　　　考核要求及评分标准 1

序号	项目	配分	评分标准	得分
1	I/O 分配表	10	每错一处扣 2 分	
2	PLC 接线图	10	每错一处扣 2 分	
3	梯形图	20	每错一处扣 2 分	
4	指令表	10	每错一处扣 2 分	
5	程序输入	25	1. 操作不熟练,不会使用删除、插入、修改、监控方法扣 5~20 分 2. 不会利用按钮开关模拟调试扣 5~20 分	
6	运行	15	调试运行不成功扣 15 分	
7	安全文明操作	10	违反操作规程扣 2~10 分,发生严重安全事故扣 10 分	

开始时间:　　　　　　　　结束时间:

任务 6.2　广告牌灯光控制

技能点

- 会用编程软件绘制梯形图
- 掌握程序流控制指令的应用方法
- 编制程序并上机调试

6.2.1　任务描述

设计一个 PLC 应用控制系统——广告牌灯光控制系统,控制功能如下:用 Y0~Y7 八个灯循环点亮"PLC 技术及应用"八个字。Y0 点亮"P"字,然后熄灭,以此类推,直到 Y7 点亮"用"字并熄灭,然后八个字全亮,再全灭,闪烁 5 次,其中每次变化的时间间隔为 2 s。

6.2.2　相关知识

1. 子程序调用及返回指令

子程序调用指令 CALL(FNC01)的操作数为 P0~P62,子程序返回指令 SRET(FNC02)无操作数。如图 6-5 所示,当 X000 为 ON 时,CALL 指令让程序跳转到 P1 处;子程序执行完,通过 SRET 指令返回到 X001 处。

```
     X000
 0 ───┤├──────────────────────────[CALL  P1 ]
     X001
 4 ───┤├──────────────────────────────(Y000)
 6 ──────────────────────────────────[FEND ]
     X002
P1 7 ──┤├─────────────────────────────(Y002)
     X003
10 ───┤├──────────────────────────────(Y003)
12 ──────────────────────────────────[SRET ]
```

图 6-5　CALL 指令和 SRET 指令

学习要点：

子程序应放在 FEND(FNC06,主程序的结束指令)后,同一指针只能用一次,CJ 指令中出现的 P 指针不能再使用,不同位置的 CALL 指令可以调用同一指针的子程序。

2. 中断指令

中断指令主要包括中断返回指令 IRET(FNC03)、允许中断指令 EI(FNC04)和禁止中断指令 DI(FNC05),且均无操作数。如图 6-6 所示,PLC 通常处于禁止中断的状态,当 PLC 运行至 EI 指令和 DI 指令之间(允许中断区间)时,若中断源产生中断,则 PLC 停止执行当前程序,转而执行相应的中断服务子程序,最后通过中断服务子程序末的中断返回指令 IRET 返回断点。

```
 0 ────────────────────────────────────[EI  ]
     X010
 1 ───┤├─────────────────────────────(M8050)
 4 ────────────────────────────────────[DI  ]
 5 ───────────────────────────────────[FEND ]
        X011
1101 6 ──┤├──────────────────────────────(Y011)
 8 ───────────────────────────────────[IRET ]
```

图 6-6　中断指令

学习要点：

(1)中断指针用来表明某一中断源的中断入口地址,如图 6-7 所示,输入中断有 6 个,中断(输入)号与元件 X0~X5 相对应,最低位为它的触发方式;定时中断有 3 个,低两位是定时时间,单位为 ms。

(2)PLC 通常处于禁止中断的状态,EI 指令和 DI 指令之间的程序段为允许中断的区间,当程序执行到该区间时,如果中断源产生中断,CPU 将停止执行当前的程序,转去执行相应的中断子程序,执行到中断子程序的 IRET 指令时,返回断点,继续执行原来的程序。

(3)中断程序从它唯一的中断指针开始,到第一条 IRET 指令结束。中断程序应放在

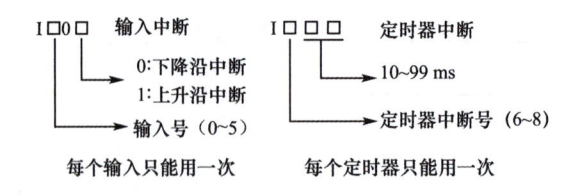

```
            I□0□   输入中断          I□□□   定时器中断
              │      0:下降沿中断      │      10~99 ms
              │      1:上升沿中断
              │    输入号（0~5）            定时器中断号（6~8）
            每个输入只能用一次        每个定时器只能用一次
```

图 6-7 中断指针

FEND 指令之后,IRET 指令只能在中断程序中使用。

（4）特殊辅助继电器 M805X(X 为 0~8)为 ON 时,禁止执行相应的中断 IX□□(□□ 是中断固有的数字)。例如,当 M8052 为 ON 时,禁止执行相应的中断 I200 和 I201。另外,当 M8259 为 ON 时,关闭所有的计数器中断。

（5）有多个中断信号依次发出时,以发出的先后顺序确定优先级,发出越早的优先级越高。若同时发出多个中断信号,则中断指针编号小的优先级高。

（6）执行一个中断子程序时,其他中断被禁止,在中断程序中编入 EI 指令和 DI 指令,可实现双重中断,但只允许两级中断嵌套。

（7）如果中断信号在禁止中断区间出现,该中断信号被储存,等到 EI 指令执行后,再响应该中断。不需要关闭中断时,可以只使用 EI 指令,而不使用 DI 指令。

6.2.3 任务实施

1. 程序设计及调试

程序如下,梯形图如图 6-8 所示。

```
LD      M8002
MOV     H0001   D0
FOR     K8
LD      M8002
MOV     D0      K2Y000
LDI     T0
OUT     T0      K20
LD      T0
ROR     D0      K1
NEXT
FOR     K5
LDI     T0
OUT     T0      K20
LD      T0
MOV     H00FF   K2Y000
OUT     T0      K20
LD      T0
MOV     H0000   K2Y000
NEXT
```

```
     M8002
 0   ─┤├──────────────────────────[MOV  H0001  D0 ]

 6   ─────────────────────────────[FOR  K8 ]

     M8002
 9   ─┤├──────────────────────────[MOV  D0   K2Y000]

     T0
15   ─┤/├─────────────────────────(T0   K20 )

     T0
19   ─┤├──────────────────────────[ROR  D0   K1 ]

25   ─────────────────────────────[NEXT]

26   ─────────────────────────────[FOR  K5 ]

     T0
29   ─┤/├─────────────────────────(T0   K20 )

     T0
33   ─┤├──────────────────────────[MOV  H00FF  K2Y000]
                                  (T0   K20 )

     T0
42   ─┤├──────────────────────────[MOV  H0000  K2Y000]

48   ─────────────────────────────[NEXT]
```

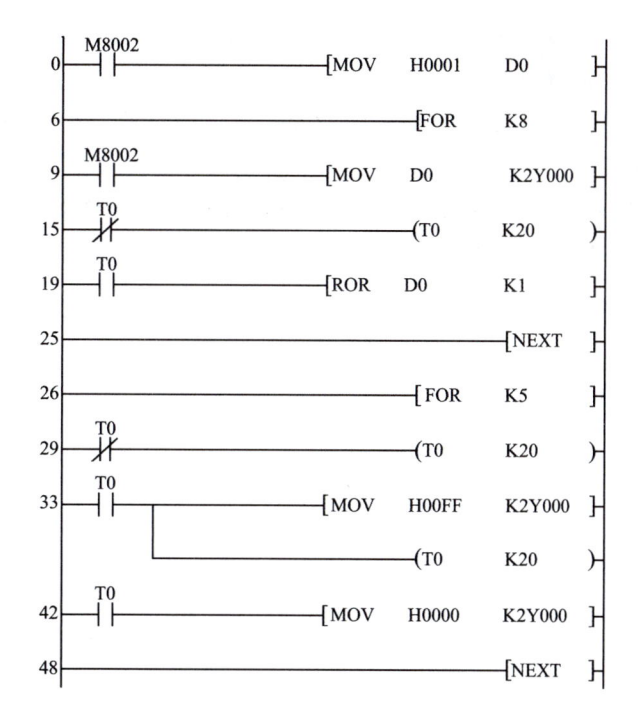

图 6-8 广告牌灯光控制梯形图

2. 任务考核

(1) 按照任务要求完成 I/O 分配表。

(2) 按照任务要求编制程序。

(3) 设计 PLC 接线电路并完成接线。

(4) 输入程序进行调试。

考核要求及评分标准见表 6-2。

操作者自行接好线,检查无误后再通电运行。

表 6-2　　　　　　　　　　考核要求及评分标准 2

序号	项目	配分	评分标准	得分
1	I/O 分配表	10	每错一处扣 2 分	
2	PLC 接线图	10	每错一处扣 2 分	
3	梯形图	20	每错一处扣 2 分	
4	指令表	10	每错一处扣 2 分	
5	程序输入	25	1. 操作不熟练,不会使用删除、插入、修改、监控方法扣 5~20 分 2. 不会利用按钮开关模拟调试扣 5~20 分	
6	运行	15	调试运行不成功扣 15 分	
7	安全文明操作	10	违反操作规程扣 2~10 分,发生严重安全事故扣 10 分	
开始时间:			结束时间:	

能力训练 6

1. 当 X0 为 ON 时,用定时中断每隔 1 s 将 Y0~Y3 组成的位元件组 K1Y0 加 1,设计主程序及中断子程序。

2. 用 X0~X15 这 16 个键输入十六进制数 0~F,将它们转换成二进制形式,并通过 Y0~Y3 显示(Y3 为高位),编程满足上述要求。

单元 7　PLC在自动控制系统中的应用

> **学习目标**
>
> * 了解PLC控制技术的功能
> * 掌握应用PLC设计自动控制系统的思想和方法
> * 灵活运用PLC指令解决实际问题

任务7.1　加热炉温度控制

技能点

◆ 会用编程软件绘制梯形图
◆ 掌握模拟量I/O模块的使用方法
◆ 会编制程序并上机调试

7.1.1　任务描述

如图7-1所示是简单的加热炉温度控制系统，系统通过热电偶检测锅炉温度，通过温度变送器将热电偶输出的几十毫伏的电压信号转换为标准量程的电流/电压信号，PLC通过模拟量输入模块采集这些信号并经A/D转换成数字信号，CPU将这些信号与设定值进行某种运算（本任务简化，只做大小比较），然后将比较结果经D/A转换为模拟信号并通过模拟量输出模块输出，从而控制加热炉对锅炉温度进行调节，如何用PLC实现其控制是本任务研究的课题。

图7-1　加热炉温度控制系统

7.1.2　相关知识

模拟量I/O模块主要包括变送器、A/D和D/A。变送器主要用于将电量或非电量转换成标准量的电流(如 4～20 mA)或电压(如 0～10 V)。本任务中热电偶温度传感器采用模拟量输入模块 FX_{2N}-4AD-TC。

1. FX_{2N}-4AD-TC

模拟量输入模块 FX_{2N}-4AD-TC 有 4 个通道,12 位的分辨率,与 K 型(−100～1 200 ℃)和 J 型(−100～600 ℃)热电偶配套使用,其中 K 型输出数字量为 −1 000～12 000,J 型输出数字量为 −1 000～6 000,K 型分辨率为 0.4 ℃,J 型分辨率为 0.3 ℃,转换速度为 240 ms/通道。

2. 特殊功能模块的读写指令

FROM(FNC78):特殊功能模块的读指令。
TO(FNC79):特殊功能模块的写指令。
指令使用说明:

如图 7-2 所示,当 X000 为 ON 时,将编号为 $m1(0～7)$ 的特殊功能模块内编号为 $m2$ $(0～32\,767)$ 开始的 n 个缓冲存储器(BFM)的数据输入 PLC 中,并存入[D·]指定元件开始的 n 个数据存储器中;当 X001 为 ON 时,将 PLC 中从[S·]指定元件开始的 n 个字的数据,写到编号为 $m1$ 的特殊功能模块内编号为 $m2$ 开始的 n 个缓冲存储器中。

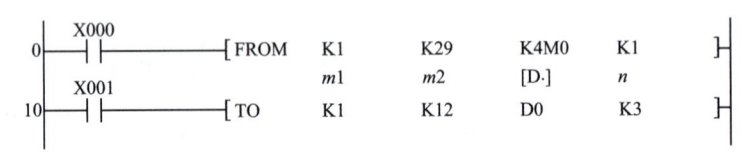

```
        X000
0  ─────┤ ├─────[ FROM    K1      K29      K4M0     K1  ]─
                         m1       m2       [D·]      n
        X001
10 ─────┤ ├─────[ TO      K1      K12      D0       K3  ]─
```

图 7-2 FROM、TO 指令

3. 平均值滤波

为了减小噪声对模拟量输入模块采集信号的影响,用户可以在程序中采用模块提供的连续若干次采样值的平均值,也可以设置求平均值的采样周期数。取平均值会降低 PLC 对外部输入信号的响应速度,例如,另一种模拟量输入模块 FX_{2N}-4AD 在高速转换方式时每个通道的转换时间为 6 ms,4 个通道共 24 ms,假设平均值滤波的采样周期数为 8,从模块中读取的平均值实际上是前 8 次(192 ms)输出值的平均值。在使用 PID 指令对模拟量进行闭环控制时,如果平均值的采样周期数过大,将使得模拟量输入模块的反应迟缓,影响闭环控制系统的动态稳定性,给闭环控制带来一定困难。

4. 模拟量输入模块缓冲存储器

模拟量输入模块 FX_{2N}-4AD 有 4 个输入通道,其缓冲存储器分配如下:

BFM♯0 中 4 位十六进制数用来分别设置通道 1～通道 4 的量程,且最低位对应于通道 1。每一位十六进制数分别为 0～2 时,分别对应通道量程为 −10～+10 V,+4～+20 mA 和 −20～+20 mA。当取值为 3 时,关闭通道。

BFM♯1～4 分别代表通道 1～通道 4 求转换数据平均值时的采样周期数(1～4 096),默认值为 8。当取值为 1 时,代表高速运行(无平均值)。

BFM♯5～8 分别代表通道 1～通道 4 的转换数据的平均值。

BFM♯9～12 分别代表通道 1～通道 4 的转换数据的当前值。

BFM♯15 为 0 时选择常速转换(15 ms/通道),为 1 时选择高速转换(6 ms/通道)。

BFM♯29 代表错误状态信息。b0=1 时,有错误;b1=1 时,有偏置或增益错误;

b2＝1 时,有电源故障;b3＝1 时,有硬件错误;b10＝1 时,数字输出值超出范围;b11＝1 时,平均值滤波的周期数超出允许范围(1～4 096);以上各位为 0 时表示正常,其余各位没有定义。

7.1.3 任务实施

1. 输入点、输出点的分配

输入点、输出点的分配见表 7-1。

表 7-1　　　　　　　　　　输入点、输出点的分配 1

输入点		输出点	
名称	输入点编号	名称	输出点编号
工作开关 SB1	X0	降温	Y0
		加热	Y1

2. PLC 端子接线

如图 7-3 所示,完成 PLC 的接线。输入点类型采用常开点。

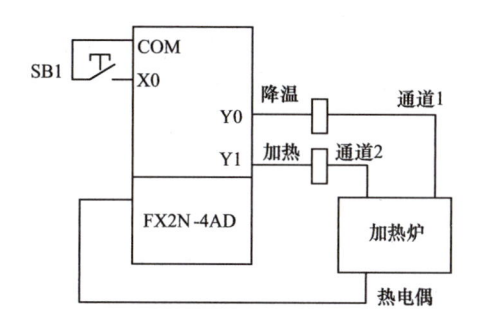

图 7-3　PLC 端子接线

3. 程序设计及调试

```
LD      M8002
TOP     K0    K0    H3300   K1
TOP     K0    K0    K4      K2
LD      X0
FROM    K0    K29   K4M10   K1
LDI     M10
ANI     M20
FROM    K0    K5    D0      K2
CMP     K200  D0    M0
LD      M0
OUT     Y000
CMP     K100  D1    M10
LD      M12
OUT     Y001
```

当按下 X0 后开始工作,若通道 1 温度大于设定温度(20 ℃),则 Y0 工作;若通道 2 温度小于设定温度(10 ℃),则 Y1 工作。

将程序输入计算机并传入 PLC,按照图 7-3 接线,运行并观察其现象。

4. 任务考核

(1)按照任务要求完成 I/O 分配表。

(2)按照任务要求编制程序。

(3)设计 PLC 接线电路并完成接线。

(4)输入程序进行调试。

考核要求及评分标准见表 7-2。

操作者自行接好线,检查无误后再通电运行。

表 7-2　　　　　　　　　　　考核要求及评分标准 1

序号	项目	配分	评分标准	得分
1	I/O 分配表	10	每错一处扣 2 分	
2	PLC 接线图	10	每错一处扣 2 分	
3	梯形图	20	每错一处扣 2 分	
4	指令表	10	每错一处扣 2 分	
5	程序输入	25	1.操作不熟练,不会使用删除、插入、修改、监控方法扣 5～20 分 2.不会利用按钮开关模拟调试扣 5～20 分	
6	运行	15	调试运行不成功扣 15 分	
7	安全文明操作	10	违反操作规程扣 2～10 分,发生严重安全事故扣 10 分	
开始时间:		结束时间:		

任务 7.2　PID 控制技术

技能点

◆ 会用编程软件绘制梯形图

◆ 掌握 PID 控制指令的应用方法

◆ 会编制程序并上机调试

7.2.1　任务描述

设计一个基于 PLC 的 PID 控制器。

7.2.2　相关知识

在工业生产中,一般使用闭环控制方式来控制温度、压力等物理量。PID(比例-积分-微分控制)不需要精确的数学模型,有较强的灵活性和适应性,程序结构简单,所以得到广泛应用。

1. PID 控制原理

典型 PID 闭环控制系统如图 7-4 所示。

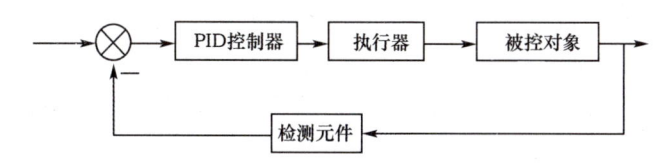

图 7-4 PID 闭环控制系统

PID 控制器的输出为

$$mv(t) = K_p\left[ev(t) + \frac{1}{T_i}\int_0^t ev(t) + T_d\frac{dev(t)}{dt}\right]$$

2. PID 回路运算指令

PID(FNC88):PID 回路运算指令,指令格式为 PID [S1·] [S2·] [S3·] [D·]。源操作数[S1·]和[S2·]指定的元件分别用来存放给定值 SV 和当前测量出的反馈值 PV,源操作数[S3·]占用从[S3·]开始的 25 个数据寄存器,用来存放控制参数的值,运算结果 MV 存放在目标操作数[D·]指定的元件中。

指令使用说明:

如图 7-5 所示,[S3·]的数据格式为:[S3·]~[S3·]+6 用于存放采样周期 T_s、动作方向 ACT、输入滤波常数 α、比例系数 K_p、积分时间常数 T_i、微分增益 α_d 和微分时间常数 T_d;[S3·]+7~[S3·]+19 用于存放 PID 指令;[S3·]+20~[S3·]+23 用于存放输入、输出变化量增加、减少的报警设定值;[S3·]+24 的 0~3 位用于报警输出。指令参数见表 7-3。

图 7-5 PID 回路运算指令

表 7-3　　　　　　　　　　　　**PID 指令参数**

符号	地址	意义	单位及范围
T_s	[S3·]	采样周期	1~32 767 ms
ACT	[S3·]+1	动作方向	第一位为 0 时为正动作,反之为反动作
α	[S3·]+2	输入滤波常数	0~99%
K_p	[S3·]+3	比例系数	1%~32 767%
T_i	[S3·]+4	积分时间常数	0~32 767×100 ms
α_d	[S3·]+5	微分增益	0~100%
T_d	[S3·]+6	微分时间常数	0~32 767×100 ms

学习要点:

(1)PID 指令执行前,务必要使用 MOV 指令将参数设定值预先写入数据寄存器中,若使用有断电保持功能的数据寄存器,则不需重复写入。若目标操作数[D·]有断电保持功能,则应通过初始化 M8002 的常开触点使其复位。

(2)PID 指令可以在定时中断、子程序、步进指令和转移指令中使用,但是在执行 PID 指令前应先使用 MOV 指令(脉冲执行方式)将[S3・]+7 清零。

3. PID 控制器的主要参数

PID 控制器主要有 4 个控制参数 T_s、K_p、T_i、T_d,无论哪个选择不合适都会影响控制的效果。

学习要点:

(1)比例系数 K_p,主要反映系统的稳定调节作用。PID 控制器在系统误差产生时出现与误差成正比的调节信号,具有调节及时的特点。该系数越大,比例调节作用越强,系统的稳态精度越高,但对于大多数系统来说,该系数过大会使得输出量振荡加剧,稳定性降低。

(2)积分时间常数 T_i,主要影响系统的控制精度。积分可以消除稳态误差,提高控制精度,但积分动作缓慢,可能给系统动态稳定性带来不良影响,很少单独使用。该系数增大时,积分作用减弱,系统稳定性有所改善,但是消除稳定误差的速度减慢。

(3)微分时间常数 T_d,主要反映系统变化的趋势。该系数增大时,超调量减小,动态性能得到改善,但是抑制高频干扰的能力下降。如果过大,系统输出量中可能出现频率较高的振荡分量。

(4)采样周期 T_s,它应该远远小于系统阶跃响应的纯滞后时间或上升时间。为使采样值能及时反映模拟量的变化,T_s 越小越好。但是过小会增加 CPU 的运算负担,相邻两次采样值也没有太大变化,所以不宜将该系数取得过小。

7.2.3 任务实施

1. 输入点、输出点的分配

输入点、输出点的分配见表 7-4。

表 7-4　　　　　　　　　　输入点、输出点的分配 2

输入点		输出点	
名称	输入点编号	名称	输出点编号
工作开关 SB1	X0	接触器 KM1	Y0
		接触器 KM2	Y1

2. PLC 端子接线

如图 7-6 所示,完成 PLC 的接线。输入点类型采用常开点。

3. 程序设计及调试

梯形图如图 7-7 所示。

经过 A/D 转换后的信号通过 D501 读入,设置过程如下:

(1)设置目标(若被控装置为温度控制,则设置温度为 500 ℃);

(2)设置采样周期为 0.5 s;

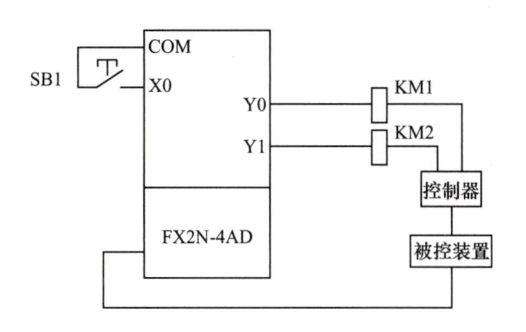

图 7-6　PLC 端子接线

(3) 设置动作方向为反动作；
(4) 设置滤波常数为 70%；
(5) 设置比例系数为 6.5；
(6) 设置积分时间常数为 10 s；
(7) 设置微分增益为 0；
(8) 设置微分时间常数为 0.3 s。

设置完成后启动 PID 控制器，控制结果从 D502 输出。将程序输入计算机并传入 PLC，按照图 7-6 接线，运行并观察其现象。

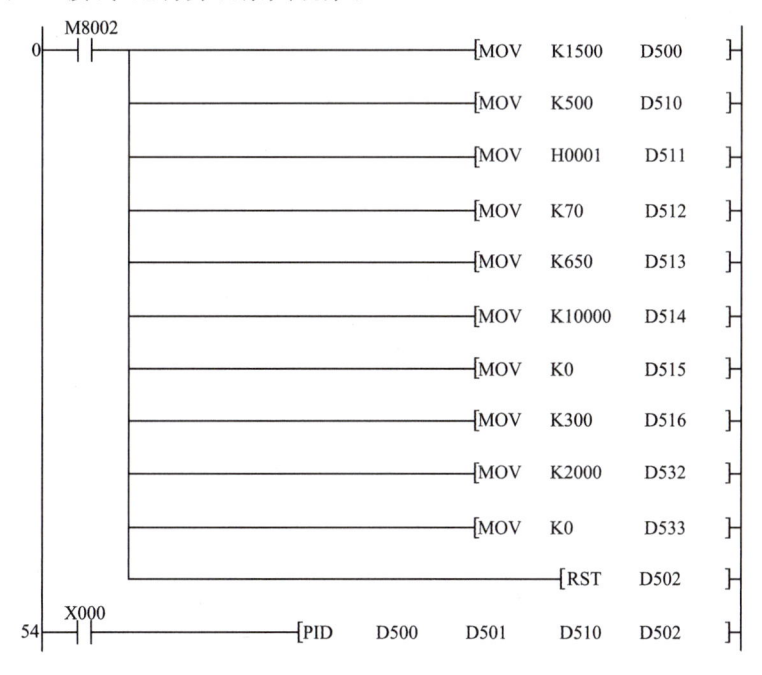

```
     M8002
 0 ───┤├──────────────────────────[MOV  K1500   D500 ]
      │
      ├──────────────────────────[MOV  K500    D510 ]
      │
      ├──────────────────────────[MOV  H0001   D511 ]
      │
      ├──────────────────────────[MOV  K70     D512 ]
      │
      ├──────────────────────────[MOV  K650    D513 ]
      │
      ├──────────────────────────[MOV  K10000  D514 ]
      │
      ├──────────────────────────[MOV  K0      D515 ]
      │
      ├──────────────────────────[MOV  K300    D516 ]
      │
      ├──────────────────────────[MOV  K2000   D532 ]
      │
      ├──────────────────────────[MOV  K0      D533 ]
      │
      └──────────────────────────────────[RST  D502 ]
     X000
54 ──┤├────────────────[PID  D500  D501  D510  D502 ]
```

图 7-7　PID 闭环控制系统梯形图

想一想？

如何将本单元的两个任务结合起来，实现一个 PID 控制的炉温控制系统？

4. 任务考核

(1) 按照任务要求完成 I/O 分配表。

（2）按照任务要求编制程序。
（3）设计 PLC 接线电路并完成接线。
（4）输入程序进行调试。

考核要求及评分标准见表 7-5。

操作者自行接好线，检查无误后再通电运行。

表 7-5　　　　　　　　　　考核要求及评分标准 2

序号	项目	配分	评分标准	得分
1	I/O 分配表	10	每错一处扣 2 分	
2	PLC 接线图	10	每错一处扣 2 分	
3	梯形图	20	每错一处扣 2 分	
4	指令表	10	每错一处扣 2 分	
5	程序输入	25	1. 操作不熟练，不会使用删除、插入、修改、监控方法扣 5～20 分 2. 不会利用按钮开关模拟调试扣 5～20 分	
6	运行	15	调试运行不成功扣 15 分	
7	安全文明操作	10	违反操作规程扣 2～10 分，发生严重安全事故扣 10 分	
开始时间：			结束时间：	

能力训练 7

1. 怎样确定 PID 控制器参数的初始值？
2. 设计一个 PID 控制的炉温控制系统。

参 考 文 献

[1] 俞国亮.PLC原理及应用[M].北京:清华大学出版社,2005.

[2] 刘美俊.可编程控制器应用技术[M].福州:福建科学出版社,2006.

[3] 王晓军,杨庆煊,许强.可编程控制器原理及应用[M].北京:化学工业出版社,2007.

[4] 廖常初.FX系列PLC编程及应用[M].2版.北京:机械工业出版社,2016.

[5] 肖明耀.PLC原理与应用[M].北京:中国劳动社会保障出版社,2009.

[6] 瞿彩萍.PLC应用技术(三菱)[M].2版.北京:中国劳动社会保障出版社,2014.

[7] 隋振有,隋凤香.PLC应用与编程技术[M].北京:北京电力出版社,2009.

[8] 邓松.可编程控制器综合应用技术[M].北京:机械工业出版社,2010.

[9] 孔晓华,周德仁.电气控制与PLC项目教程[M].北京:机械工业出版社,2011.

[10] 杨杰忠,邹火军.PLC应用技术(三菱 下册)[M]).北京:中国劳动社会保障出版社,2012.

[11] 杨杰忠,邹火军.PLC应用技术(三菱 上册)[M].北京:中国劳动社会保障出版社,2012.

[12] 杨杰忠.PLC应用技术课教学参考书[M].北京:中国劳动社会保障出版社,2013.

[13] 孙立坤,殷建国.PLC应用技术[M].北京:中国劳动社会保障出版社,2014.

[14] 郑开明.PLC应用项目的安装与调试[M].北京:机械工业出版社,2014.

[15] 鹿学俊.PLC技术应用(三菱)[M].北京:机械工业出版社,2015.

[16] 陈文林,吴萍.电器与PLC控制技术[M].北京:机械工业出版社,2015.

[17] 李金城.三菱FX2N PLC功能指令应用详解(修订版)[M].北京:电子工业出版社,2018.

[18] 李方园.三菱FX/Q系列PLC从入门到精通[M].北京:电子工业出版社,2019.

[19] 王烈准.可编程控制器技术及应用[M].北京:机械工业出版社,2019.

[20] 刘克军.PLC技术项目实训及应用[M].2版.北京:高等教育出版社,2019.

[21] 廖常初.PLC基础及应用[M].4版.北京:机械工业出版社,2019.

FX$_{2N}$系列 PLC 功能指令表

分类	指令编号	助记符	操作数	指令名称及功能
程序流程	00	CJ	[S·]	条件跳转；程序跳转到[S·]P 指针(P0～P127)指定的子程序
	01	CALL	[S·]	调用子程序；程序调用[S·]P 指针(P0～P127)指定的子程序，嵌套5层以下
	02	SRET		子程序返回；从子程序返回主程序
	03	IRET		中断返回主程序
	04	EI		中断允许
	05	DI		中断禁止
	06	FEND		主程序结束
	07	WDT		监视定时器；顺控指令中执行监视定时器刷新
	08	FOR	[S·]	循环开始；重复执行开始，嵌套5层以下
	09	NEXT		循环结束；重复执行结束
传送与比较	10	CMP	[S1·] [S2·] [D·]	比较；[S1·]与[S2·]比较，结果送[D·]
	11	ZCP	[S1·] [S2·] [S·] [D·]	区间比较；[S·]与[S1·]～[S2·]的区间比较，结果送[D·]
	12	MOV	[S·] [D·]	传送；[S·]传送到[D·]
	13	SMOV	[S·] m1 m2 [D·] n	移位传送；[S·]第 m1 位开始的 m2 个数位送到[D·]的 n 个位置
	14	CML	[S·] [D·]	取反；[S·]取反后送到[D·]
	15	BMOV	[S·] [D·] n	块传送；[S·] n 点送到[D·]对应 n 点
	16	FMOV	[S·] [D·] n	多点传送；[S·]1 点送到[D·]对应 n 点
	17	XCH	[D1·] [D2·]	数据交换
	18	BCD	[S·] [D·]	求 BCD 码；[S·]中的二进制数转换成 BCD 码送入[D·]
	19	BIN	[S·] [D·]	求二进制码；[S·]中的 BCD 码转换成二进制数送入[D·]

(续表)

分类	指令编号	助记符	操作数	指令名称及功能
四则运算与逻辑运算	20	ADD	[S1·] [S2·] [D·]	二进制加法；[S1·]加[S2·]结果送入[D·]
	21	SUB	[S1·] [S2·] [D·]	二进制减法；[S1·]减去[S2·]结果送入[D·]
	22	MUL	[S1·] [S2·] [D·]	二进制乘法；[S1·]乘以[S2·]结果送入[D·]
	23	DIV	[S1·] [S2·] [D·]	二进制除法；[S1·]除以[S2·]结果送入[D·]
	24	INC	[D·]	二进制加1；[D·]加1结果送入[D·]
	25	DEC	[D·]	二进制减1；[D·]减去1结果送入[D·]
	26	AND	[S1·] [S2·] [D·]	逻辑字与；[S1·]、[S2·]逻辑与运算后结果送[D·]
	27	OR	[S1·] [S2·] [D·]	逻辑字或；[S1·]、[S2·]逻辑或运算后结果送[D·]
	28	XOR	[S1·] [S2·] [D·]	逻辑字异或与；[S1·]、[S2·]逻辑异或运算后结果送[D·]
	29	NEG	[D·]	求补码；[D·]按位取反后结果送[D·]
循环移位与移位	30	ROR	[D·] n	循环右移；[D·]循环右移n位
	31	ROL	[D·] n	循环左移；[D·]循环左移n位
	32	RCR	[D·] n	带进位循环右移；[D·]带进位循环右移n位
	33	RCL	[D·] n	带进位循环左移；[D·]带进位循环左移n位
	34	SFTR	[S·] [D·] $n1$ $n2$	位右移；$n2$位[S·]右移到$n1$位的[D·]中，高位进，低位溢出
	35	SFTL	[S·] [D·] $n1$ $n2$	位左移；$n2$位[S·]左移到$n1$位的[D·]中，低位进，高位溢出
	36	WSFR	[S·] [D·] $n1$ $n2$	字右移；$n2$字[S·]右移到[D·]开始的$n1$字，高字进，低字溢出
	37	WSFL	[S·] [D·] $n1$ $n2$	字左移；$n2$字[S·]左移到[D·]开始的$n1$字，低字进，高字溢出
	38	SFWR	[S·] [D·] n	FIFO写入；先进先出控制的数据写入
	39	SFRD	[S·] [D·] n	FIFO读出；先进先出控制的数据读出
数据处理	40	ZRST	[D1·] [D2·]	区间复位；[D1·]~[D2·]复位
	41	DECO	[S·] [D·] n	解码；[S·]的n位二进制数解码为十进制数送到[D·]，使[D·]的第n位为"1"。
	42	ENCO	[S·] [D·] n	编码；[S·]的$2n$位中的最高"1"位代表的位数(十进制)编码为二进制数后存入[D·]
	43	SUM	[S·] [D·]	求置ON位的总和；[S·]中"1"数目存入[D·]
	44	BON	[S·] [D·] n	ON位判断；[S·]中第n位为ON时，[D·]为ON
	45	MEAN	[S·] [D·] n	平均值计算；[S·]中n点平均值存入[D·]
	46	ANS	[S·] [D·] n	信号报警器置位；[S·]中的定时器定时n毫秒后，标志位[D·]置位
	47	ANR		信号报警器复位；被置位的报警器的状态置位
	48	SQR	[S·] [D·]	二进制平方根；[S·]平方根后结果存入[D·]
	49	FLT	[S·] [D·]	二进制整数与二进制浮点数转换

（续表）

分类	指令编号	助记符	操作数	指令名称及功能
高速处理	50	REF	[D·] n	输入输出刷新；指令执行，[D·]立即刷新
	51	REFF	n	滤波调整；输入滤波时间调整为 n 毫秒，刷新 X0～X17。
	52	MTR	[S·] [D1·] [D2·] n	矩阵输入；n 列 8 点数据以[D1·]输出的选通信号分时将[S·]数据读入[D2·]
	53	HSCS	[S1·] [S2·] [D·]	比较置位（高速计数）；[S1·]=[S2·]时，[D·]置位。中断输出到 Y，[S2·]为 C235～C255
	54	HSCR	[S1·] [S2·] [D·]	比较复位（高速计数）；[S1·]=[S2·]时，[D·]复位。
	55	HSZ	[S1·] [S2·] [S·] [D·]	区间比较（高速计数）；[S·]与[S1·]～[S2·]比较，结果驱动[D·]
	56	SPD	[S1·] [S2·] [D·]	脉冲密度；在[S2·]时间内，将[S1·]输入的脉冲存入[D·]
	57	PLSY	[S1·] [S2·] [D·]	脉冲输出；以[S1·]的频率从[D·]送出[S2·]个脉冲
	58	PWM	[S1·] [S2·] [D·]	脉宽调制；输出周期[S2·]、脉冲宽度[S1·]的脉冲至[D·]
	59	PLSR	[S1·] [S2·] [S3·] [D·]	可调速脉冲输出；[S1·]最高频率，[S2·]总输出脉冲，[S3·]增减速时间，[D·]输出脉冲
便利指令	60	IST	[S·] [D1·] [D2·]	状态初始化；
	61	SER	[S1·] [S2·] [D·] n	查找数据；检索以[S1·]为起始的 n 个与[S2·]相同的数据，并将其个数存入[D·]
	62	ABSD	[S1·] [S2·] [D·] n	绝对值式凸轮控制；对应[S2·]计数器的当前值，输出[D·]开始的 n 点由[S1·]内数据决定的输出波形
	63	INCD	[S1·] [S2·] [D·] n	增量式凸轮控制；对应[S2·]计数器的当前值，输出[D·]开始的 n 点由[S1·]内数据决定的输出波形
	64	TIMR	[D·] n	示教定时器；用[D·]开始的第二个数据寄存器测定执行条件 ON 的时间，乘以 n 指定的倍率存入[D·]
	65	STMR	[S2·] m [D·]	特殊定时器；m 指定的值转成指定的定时器的设定值
	66	ALT	[D·]	交换输出；
	67	RAMP	[S1·] [S2·] [D·] n	斜坡信号；[D·]的内容从[S1·]的值到[S2·]的值慢慢变化，其变化时间为 n 个扫描周期
	68	ROTC	[S·] m1 m2 [D·]	旋转工作台控制；[S·]指定开始的工作台位置检测计数寄存器，其次指定为取出位置号寄存器，再次指定为要取工件号寄存器，m1 为分度区数，m2 为低速运行行程
	69	SORT	[S·] m1 m2 [D·] n	列表数据排序；[S·]为排序表的首地址，m1 为行号，m2 为列号，指令将 n 指定的列号，将数据从小开始进行整理排列，结果存入[D·]为起始的目标元件中，形成新的排序表。

（续表）

分类	指令编号	助记符	操作数	指令名称及功能
外部 I/O 设备	70	TKY	[S·] [D1·] [D2·]	十键输入
	71	HKY	[S·] [D1·] [D2·] [D3·]	十六键输入
	72	DSW	[S·] [D1·] [D2·] n	数字开关
	73	SEGO	[S·] [D·]	七段码译码
	74	SEGL	[S·] [D·]	带锁存七段码显示
	75	ARWS	[S·] [D1·] [D2·] n	方向开关
	76	ASC	[S·] [D·]	ASC 码转换
	77	PR	[S·] [D·]	ASC 码打印
	78	FROM	$m1$ $m2$ [D·] n	从特殊功能模块读出
	79	TO	$m1$ $m2$ [S·] n	向特殊功能模块写入
外部 设备	80	RS	[S·] m [D·] n	串行通信
	81	PRUN	[S·] [D·]	并行运行
	82	ACSI	[S·] [D·] n	HEX→ASCII 变换
	83	HEX	[S·] [D·] n	ASCII→HEX 变换
	84	CCD	[S·] [D·] n	校验码
	85	VRRD	[S·] [D·]	模拟量输入
	86	VRSC	[S·] [D·]	模拟量开关
	88	PID	[S1·] [S2·] [S3·] [D·]	PID 回路运算
浮点 数运 算	110	ECMP	[S1·] [S2·] [D·]	二进制浮点比较
	111	EZCP	[S1·] [S2·] [S·] [D·]	二进制浮点区间比较
	118	EBCD	[S·] [D·]	二进制浮点数转换为十进制浮点数
	119	EBIN	[S·] [D·]	十进制浮点数转换为二进制浮点数
	120	EADD	[S1·] [S2·] [D·]	二进制浮点数加法
	121	ESUB	[S1·] [S2·] [D·]	二进制浮点数减法
	122	EMUL	[S1·] [S2·] [D·]	二进制浮点数乘法
	123	EDIV	[S1·] [S2·] [D·]	二进制浮点数除法
	127	ESQR	[S·] [D·]	二进制浮点数开方
	129	INT	[S·] [D·]	二进制浮点数→二进制整数
	130	SIN	[S·] [D·]	二进制浮点数正弦函数
	131	COS	[S·] [D·]	二进制浮点数余弦函数
	132	TAN	[S·] [D·]	二进制浮点数正切函数
	147	SWAP	[S·]	高低位变换

(续表)

分类	指令编号	助记符	操作数	指令名称及功能
时钟运算	160	TCMP	[S1·] [S2·] [S3·] [S·] [D·]	时钟数据比较
	161	TZCP	[S1·] [S2·] [S·] [D·]	时钟数据区域比较
	162	TADD	[S1·] [S2·] [D·]	时钟数据加法
	163	TSUB	[S1·] [S2·] [D·]	时钟数据减法
	166	TRD	[D·]	时钟数据读出
	167	TWR	[S·]	时钟数据写入
变换	170	GRY	[S·] [D·]	格雷码变换
	171	GBIN	[S·] [D·]	格雷码逆变换
触点比较	224	LD=	[S1·] [S2·]	[S1·]=[S2·]时,连接母线触点接通
	225	LD>	[S1·] [S2·]	[S1·]>[S2·]时,连接母线触点接通
	226	LD<	[S1·] [S2·]	[S1·]<[S2·]时,连接母线触点接通
	228	LD<>	[S1·] [S2·]	[S1·]<>[S2·]时,连接母线触点接通
	229	LD<=	[S1·] [S2·]	[S1·]<=[S2·]时,连接母线触点接通
	230	LD>=	[S1·] [S2·]	[S1·]>=[S2·]时,连接母线触点接通
	232	AND=	[S1·] [S2·]	[S1·]=[S2·]时,串联触点接通
	233	AND>	[S1·] [S2·]	[S1·]>[S2·]时,串联触点接通
	234	AND<	[S1·] [S2·]	[S1·]<[S2·]时,串联触点接通
	236	AND<>	[S1·] [S2·]	[S1·]<>[S2·]时,串联触点接通
	237	AND<=	[S1·] [S2·]	[S1·]<=[S2·]时,串联触点接通
	238	AND>=	[S1·] [S2·]	[S1·]>=[S2·]时,串联触点接通
	240	OR=	[S1·] [S2·]	[S1·]=[S2·]时,并联触点接通
	241	OR>	[S1·] [S2·]	[S1·]>[S2·]时,并联触点接通
	242	OR<	[S1·] [S2·]	[S1·]<[S2·]时,并联触点接通
	244	OR<>	[S1·] [S2·]	[S1·]<>[S2·]时,并联触点接通
	245	OR<=	[S1·] [S2·]	[S1·]<=[S2·]时,并联触点接通
	246	OR>=	[S1·] [S2·]	[S1·]>=[S2·]时,并联触点接通